即戦力になる人材を育てる！

製品設計の基礎入門

～幾何公差からモールド部品設計までやさしく解説～

髙橋俊昭［著］

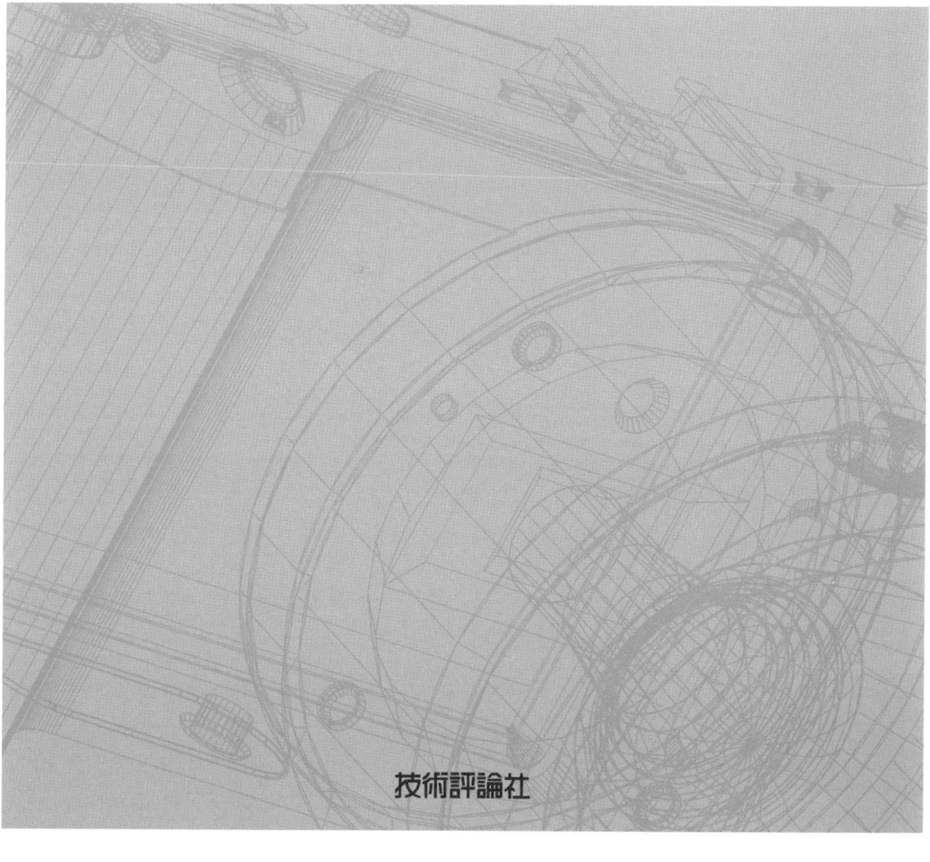

技術評論社

はじめに

設計業務に携わるようになった新入社員や、設計部門と一緒に仕事を始めた人達から「製品設計とは実際どんなことをやっているのかわからない」とよく質問がある。一方企業の設計部門では、新入社員が即戦力になると期待しているわけではないが、設計に必要な基本的知識、技術は習得した上で入社しているものと思っている。このギャップがいつまでたっても埋まらないのが現状である。企業としても入社一年目の新人には、新人レクチャーとしてのテーマを設定し、先輩設計者の指導の下、設計業務を体験させることで、本来習得しているであろう知識と技術を補強している。各社即戦力になる設計者として活躍してもらえるようにいろいろな対応を行っているのが現状である。

今回、業界および各種委員会の関係者からの要望もあり、初めて設計業務に携わる人達に、現場の製品設計業務の知識を習得、活用してもらえるように、今までの設計経験をベースに、2014年から毎年実施してきた公益社団法人日本設計工学会（JSDE）主催・一般社団法人電子情報技術産業協会（JEITA）三次元CAD情報標準化専門委員会技術支援の「設計コンテスト」研修指導の経験を活かし、技術資料として書き上げることにした。

設計コンテストでは、提示した課題に対し、大学・大学院・高専からの学生参加チームが、お互いの設計力を競い合う内容となっている。設計経験の少ない参加者が多いため、設計を始める前にメカ設計の基本研修から、実際に3D CADを使い幾何公差指示3D図面を仕上げるところまでの研修を行っている。

本書は、設計コンテストの研修内容を参考に、特に産業界のメカ設計者、技術者として必要な基本的知識を習得してもらえる内容となっている。

本書を読むことで、少しでも今日の産業界が求めるメカ設計者としての「心得」、「役割」、「業務内容」などを習得して頂ければ幸いである。日本のものづくりに変革が求められている今、それを担う若い技術者の活躍を期待している。

2020年4月 著者

目次

第4章 製品設計 73

第1章

日本の産業界

戦後70数年、日本の製造業はさまざまな課題に直面しながら、先進国に追いつけ追い越せでものづくりの技術を確立してきた。しかしながら、今日デジタル化が進みデータさえあればものがつくれる時代になり、大量生産分野では低コスト生産を得意とする新興国の影響で、日本を含む先進国の国際競争力の低下が顕著になってきた。

日本政府は新たな社会として「Society5.0」の実現を目指し、デジタル基盤の必要性を提示している。今後日本の産業界として、各工程ごとにデジタルデータを有効に活用できるものづくりの確立が必要である。

これからの日本を担う若い機械系技術者の諸君には、自動車工業会と電機・事務機業界が中心となり発行したJIS B 0060シリーズ規格を、業務の参考資料として一読することをお勧めする。

1-1 日本の産業界～過去から未来へ

戦後日本の産業は、重工業を中心に欧米に追い付け、追い越せでものづくりを進め、この狭い領土に鉄鋼、造船、自動車、家電など多くの企業が同じような製品を開発・生産してきた。世界的に需要がある頃は造れば売れる時代であったが、今や生産の主流は人件費の安い国へとシフトしている。今まで蓄積してきたものづくりの技術・ノウハウを、いかにこれからのものづくりに生かせるかが正念場といえる。

内閣府は、IoT（Internet of Things）、IoE（Internet of Everything）、ロボット、人工知能（AI）、ビッグデータなどの新たな技術をあらゆる産業や社会生活に取り入れてイノベーションの創出を推進しようとしている。一人一人のニーズに合わせる形で社会的課題を解決する新たな社会「Society 5.0」を実現するためには、3Dデータを活用したデジタルエンジニアリング環境を活用／駆使し、デジタル基盤の強化を実現する必要がある。

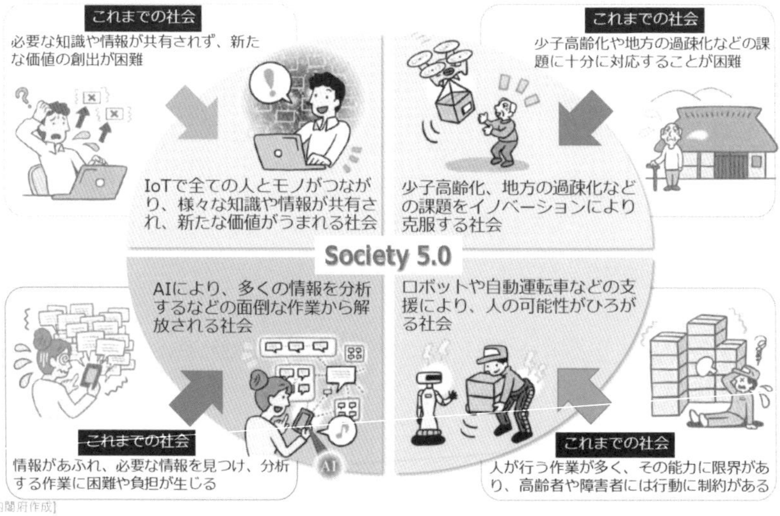

▲図1.1.1　内閣府ホームページより引用（内閣府作成資料）

1
2
3
4
5
6

ドキュメント（技術文書）情報については、2019年度より国際規格として検討が始まったこともあり、数年後には規格化されシステム対応も実施されるものと期待している。

1-2 日本の産業界の現状

日本の産業界が本格的に3D CADを導入してはや20年以上を迎えようとしている。多くの企業は、設計図面を従来の紙の図面からデジタルデータに置き換えることで、設計データを有効に活用する方法を検討してきた。

その結果、各種解析ソフトを駆使した設計品質の向上、設計の見える化によるフロントローディングと生産立ち上げ期間の短縮、設計データを活用した計測などの自動化が期待できるようになった。メカ関連システムの設計を2D CADから3D CADに移行するにあたり、多くの企業は多額の投資と開発を実施してきたが、今日においてもなかなか明確な効果が示されていないのが現状である。各企業は多額の投資を行っていることもあり、設計・生産に多くの効果を期待している。その中でも特に設計部門への期待は大きく、設計部門もそれに応えようといろいろな取り組みを実施してきた。

3D CADシステムも今では設計ツールとして使用できるレベルにはなってきたものの、導入時には機能不足も多く、思うように設計が進展しなかったという苦い経験もある。また、バージョンアップ時には突然の機能・操作の変更などがあり、設計者にとって貴重な設計時間の浪費を余儀なくされるケースも多々あった。

日本の自動車工業界と電機・精密機器業界は2002年頃から、2D図面から3D図面への移行の一環として、設計成果物を中心とした3D単独図を推進してきた（**図1.2.1**参照）。

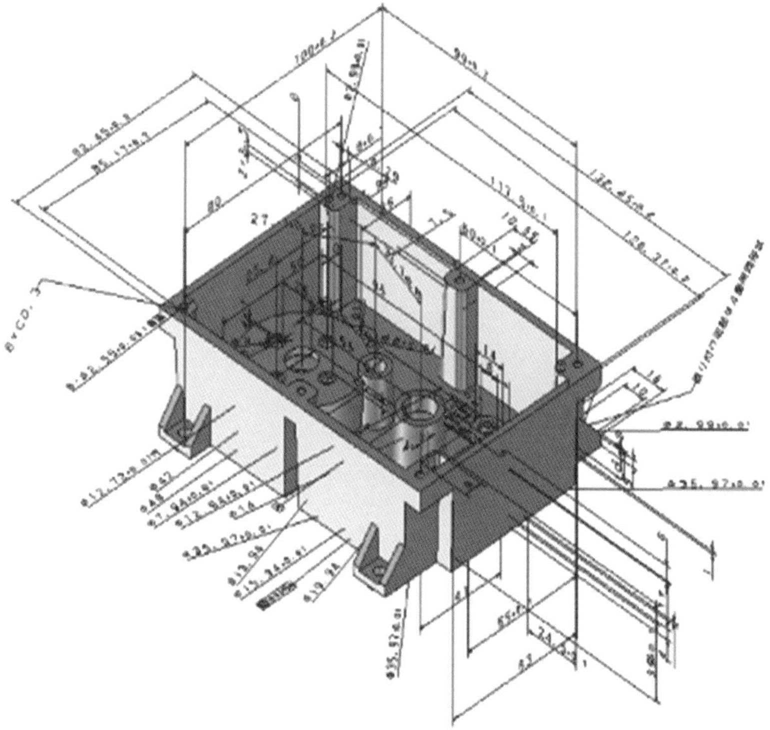

▲図 1.2.1　3D単独図の一例（JEITA三次元CAD情報標準化専門委員会資料より引用）

3D単独図とは、従来2D図面上で記載していた設計要件を、3Dモデル上に記載するという取り組みである。しかしながら、JEITA 三次元CAD情報標準化専門委員会が実施した2012年の欧州調査および2014年の米国調査で、日本の自動車、電機・精密機器業界が推進してきた取り組みは、2D図面の設計要件をそのまま3D上に記載するだけというもので、設計データを有効に活用する方法としては効果が期待できないばかりか、図面を解釈する上で、図面指示としてはあいまいな図面であるとの指摘を受けた。日本の図面指示が、世界のレベルに比べいかに遅れているかを実感した苦い経験がある。その後、世界で流通している図面、国際標準（特に幾何公差《きかこうさ》関連のISO規格）などを研究することで、2014年頃より各工程でデータが活用できるJIS・デジタル製品技術文書情報 DTPD（Digital Technical Product Documentation）

の開発に着手し、幾何公差に基づく「三次元製品情報付加モデル（3DAモデル（3D annotated model））」へと進化させている（**図1.2.2**参照）。

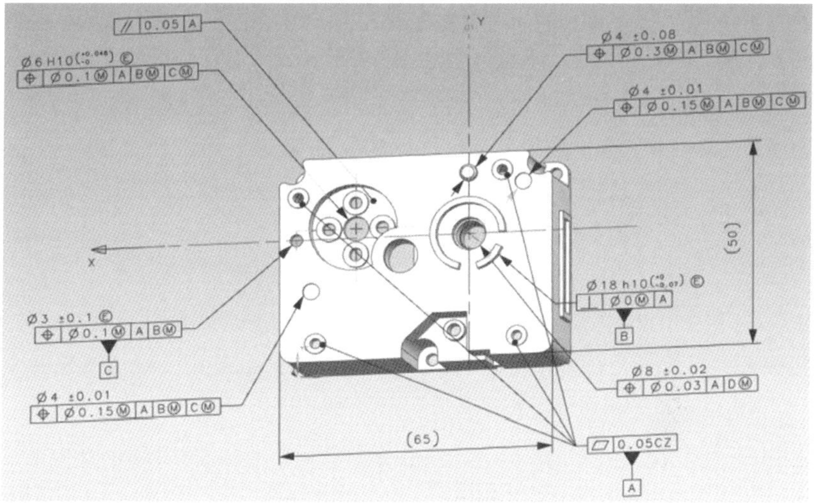

▲**図1.2.2**　3DAモデルの一例（コンピューターモニタに表示されている）
（JEITA三次元CAD情報標準化専門委員会資料より引用）

1-3　3D図面とJIS規格

産業界にはJIS、ISO規格以外にも産業界独自のルールがあり、さらに産業界のノウハウを取り入れたガイドラインを作成することで、業務の効率化を図っている。産業界独自のルールの中には個々の業界、企業特有の運用に関するルール、ガイドラインもあるが、JIS、ISO規格に準拠した方がより効果的で効率的なものも当然ある。今後産業界として有効なルールをJIS、ISO規格として提案をしていくためにも、その効果を検証することが提案側の責任でもあり、国際的な信頼を得るための必要な対応である。

2015年秋にISO16792（Technical product documentation – Digital product definition data practices）をベースに、JIS B 0060-1:2015（デジタル製品技術文書情報－第1部：総則）と、JIS B 0060-2:2015デジタル製品技術文

書情報－第2部：用語）とが新規に制定された。この規格は、一般機械、精密機械、電気機械などの工業分野で用いる三次元製品情報付加モデル（3DAモデル）を作成する場合の基本的事項、総括的なデジタル製品技術文書情報（DTPD）とその用語とを規定している。

現在発行されている関連規格「第3部：3DAモデルにおける設計モデルの表し方」、「第4部：3DAモデルにおける表示要求事項の指示方法」については、第3章の3D図面と幾何公差で一部解説する。

デジタル製品技術情報文書情報（DTPD）は、三次元製品情報付加モデルのほか、ものづくりの各工程特有の情報（DMUデータ、解析データ、製造データ、試験データ、品質データ、サービスデータ）と、これらのデータ群を管理するDTPD管理情報で構成されている（**図1.3.1**参照）。各工程に共通することは、三次元製品情報付加モデルに関するそれぞれのデジタルデータを、相互に関連付けながら各工程の責任の下で活用することにある。3D図面を基本としているが、3D CADの機能不足などもあり、2D図面も併用する

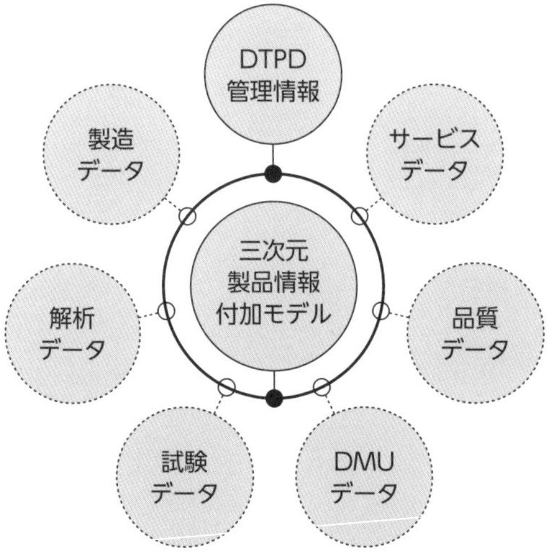

注記　DTPDはデジタル製品技術文書情報，DMUはデジタルモックアップ，ともいう。

▲**図1.3.1**　デジタル製品技術文書情報（DTPD）が扱うデータの体系
（JIS B 0060-2:2015　三次元製品情報付加モデルの構成（デジタル製品技術文書情報－第2部：用語の図1より引用））

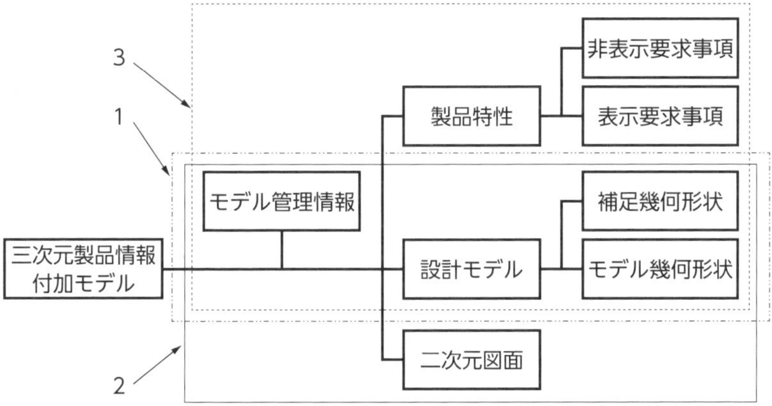

1　タイプ1の構成情報
2　タイプ2の構成情報
3　タイプ3の構成情報

▲**図1.3.2**　三次元製品情報付加モデルの分類および構成情報
JIS B 0060-2:2015　三次元製品情報付加モデルの構成（デジタル製品技術文書情報-第2部：用語の図2より引用）

ことを認めている（**図1.3.2**参照）。

「この規格の目的は、製品をデジタル形式の情報で表現することで、従来に比して更に精度よく、明確に、効率的に、その情報の作成者と使用者との間で要求事項を確実に伝達させようというものであり、その取扱いの標準を定めるものである。また、製品の研究開発・生産の各プロセス、更に顧客に関わる全てのプロセスにおいて、その情報を活用することにある。」（JIS B0060-1、4 デジタル製品技術文書情報（DTPD）の目的2より）と記載されている。このJISと生産プロセスの関係を**図1.3.3**に示す。これは、日本におけるものづくりの各生産プロセスと、デジタル製品技術文書情報（DTPD）の関係を示すために、2013年に著者が作成したイメージ図である。

設計意図は設計モデルと製品特性により設計データ（3DAモデル）として一義的に定義される。上流工程で定義された設計データを基に、下流のそれぞれの工程で有効に活用できる独自のデータとして作り変えられ、全てのデータが、3D DTPD管理情報として関連付けられるというものである。実際のものづくりの工程として表現したもので、インダストリー4.0やIoTなど

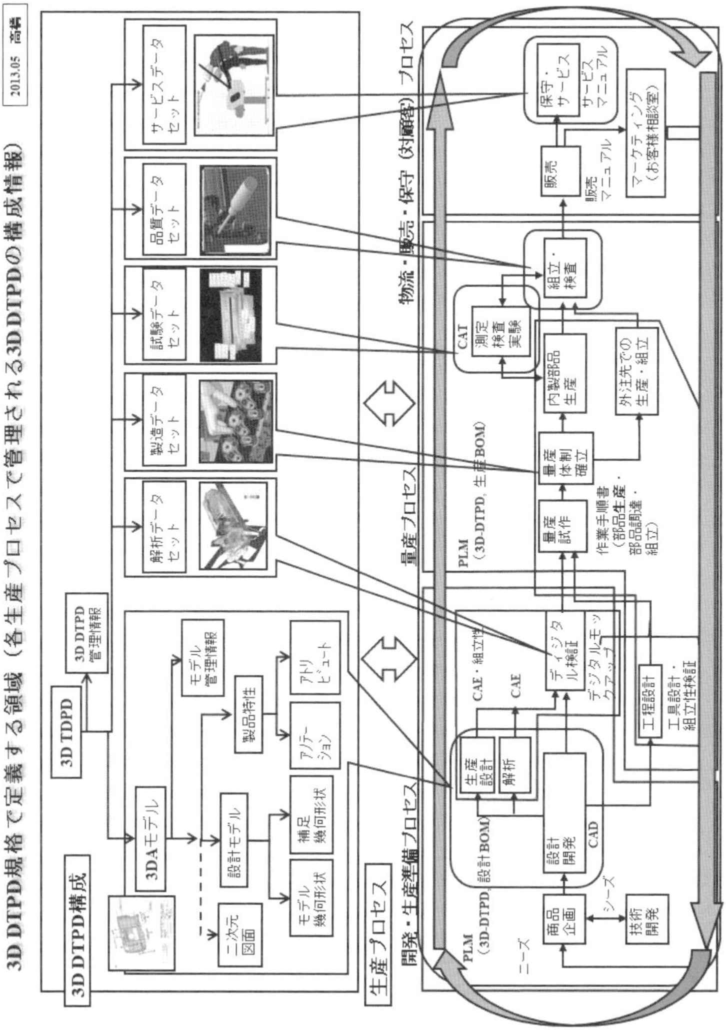

▲**図1.3.3** 生産プロセスと3D DTPD

がそれに当たると考えている。

現在このJIS B 0060-1、2、3、4、5、6、7まで発行され、これに続き関連する新しい規格を自動車工業会と電機・精密機器業界が検討中で、2020年から2021年にかけて3D図面に関するJISとして順次発行されることになっている。機会があれば、詳細内容を解説したいと考えている。

今後、発行される予定のJIS B 0060シリーズ規格を、広く日本の産業界に普及していくことが重要である。

1-4 産学連携の意義

産学連携・産学官連携事業として文部省支援の下、いろいろな取り組みが行われているが、設計の取り組みはあまり実施されていない。産業界はものづくりの現場経験や経営のノウハウを持っている。一方、大学・高専では専門的な研究機関として、新しいアイデアを持つ人材が多く在籍している。この二者が連携し、それぞれの強みを生かし、研究開発や新事業の創出を行うことが、一般的な産学連携だと言われている。ヨーロッパの大学では企業経験をされた先生が多いのに対し、日本の大学では少ないと聞いている。大学を卒業した学生が企業に入社し、実践で早く活躍できるようにするためには、産業界はもっと積極的にものづくりの現場経験や経営のノウハウを、大学教育に取り込めるよう協力していく必要がある。

今回、取り上げる3D図面は、これからの設計者が習得しなければならない幾何公差を活用した図面である。幾何公差図面は大学の講義ではまだ本格的に取り込まれていない図面ではあるが、特にヨーロッパの主要国、アメリカなどの産業界では主流の設計図面となっており、日本の企業も順次導入が図られてきている。日本のものづくり産業を繁栄させていくためにも、新しい図面（3D図面）を活用した設計手法に関する産学連携が必要である。

日本の産業界は、既に寸法公差を主体とした2D図面から、3Dデータが活用できる幾何公差を中心とした3D設計に大きく舵を切っている。このような取り組みが、産業界で活躍できる人材育成に貢献すると共に、3D設計の啓蒙・教育的な効果が出ることを期待している。

今回の執筆では、設計工学として定義され、産業界としては常識になっているが、書籍としてはあまりまとめられていない開発初期段階での関連部門との調整、事前調査、設計フェーズの決定、設計の進捗等についてと、さらに幾何公差設計をベースとした特に3D製図事例についても紹介する。

この資料が、日本の産業界の特にメカ設計者、技術者にとって少しでも業務の参考になれば幸いである。

第2章

メカ設計の基本

機械製図、各種解析、CAD操作など基本的な知識は既に大学・高専で学んできたことだと思う。しかしながら、特に機械系技術者としてどのようなスキルが必要なのか、またどのような知識が必要なのかという今後の不安もある。そのような状況下、ここでは今の製造業の特に機械系設計者として、日本の産業界がどのような人材を求めているか理解できるよう、大学・高専では教えてもらえない企業業務を中心に解説していく。

企業における設計業務には、自分が担当した設計内容には特に責任が伴う。その代わり、新しい製品を設計し、世の中に送り出すことで、社会に貢献できるといった達成感が味わえる業務でもある。

2-1 設計とは

広義の設計とは「或る製作・工事などに当たり、その目的に即して、工事・敷地・材料及び構造上の諸点などの計画を立て図面その他の方法で明示すること」と定義されている（広辞苑より）。

設計者とは一般的に部品の加工、組み立てを行うわけではなく、自分のつくりたいものを図面と仕様書などで一義的に定義する技術者のことをいうとされている。

以前は自分で設計し、自分で実際にものをつくっていた設計者もいたが、設計するものが複雑で大規模になればなるほど業務の分業化が進み、現在では設計者が直接ものをつくることはなくなった。

設計業務は物をつくる上で最初の行為であり、設計者の意思がつくられるものの本質に大きく影響を与えることは今も昔も変わらない。

一言で設計といっても何を設計するかにより定義する内容も異なるため、設計者がどのようなものでも設計できるというものではない。設計に必要なさまざまな知識が必要であり、事前の準備も必要である。また何をつくるかによりさまざまな設計に分類される。

一般的によく聞く設計の主な種類を以下に示す。

例：都市の設計、造園の設計、建築の設計、造船の設計、航空機の設計、自動車の設計、家電製品の設計など

2-2 電機・精密機器業界で扱う設計

設計とは、世の中から要求される機能を、電機・精密機器企業が取り扱っている製品で実現できるよう、つくれる仕様（図表を含む設計文書）や設計図・設計書などを作成する行為のことと一般的に定義されている。

電機・精密機器企業の製品としては、大きく分けて家電製品、事務器製品、光学製品、情報システムなどがあり、主に製品を構成しているものは、機械

部品、プリント板、電気部品、光学部品、化成品そして製品ソフトなど、さまざまなものがある（**図2.2.1**参照）。

▲**図2.2.1**　光学製品の例（キヤノン株式会社 ホームページより引用）

自動車、飛行機、造船、工作機械、測定器などは似たような構成になっているが、構成部品の数、大きさ、重さ、材料、精密さ、動くスピード、使用環境などが大きく異なるため、設計で定義する内容も異なる（**図2.2.2**参照）。

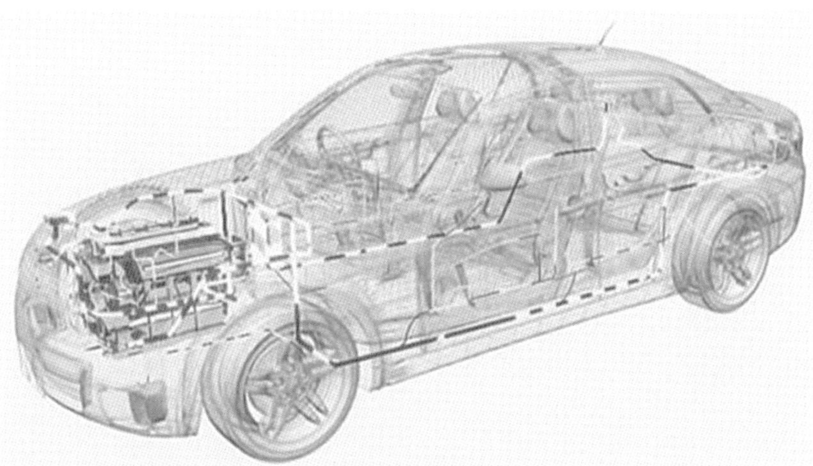

▲**図2.2.2**　自動車の例（一般社団法人 日本自動車部品工業会 ホームページより引用）

2-3 流用設計と新規設計

設計には大きく分けて製品仕様、部品などが既に存在し、それを流用する「流用設計」と、今までに類似製品・部品が設計されたことがないため、新たに設計しなければならない「新規設計」の2つに分類される。

よく新製品発表会などでニューモデルのカメラを紹介している。これはカメラという分類の中での類似製品のことであり、一般的には流用設計のことを示す。一方新規設計とは、今までに似たようなものがなかった製品の設計のことをいう。

今までに似たような設計をしたことがあるまたはないといった設計経験の有無が、設計内容はもとより設計時間にも大きく影響する。設計行為はモデルと図面を作成すればよいと思われていることもあるが、実はモデルと図面を作成する前の設計行為としてさまざまな準備をしなければならない。

具体的には、新規設計する製品をどのような市場に展開するかにもよるが、展開する市場に受け入れられる製品であることはもちろん、製造・販売できるか、製造・販売する国の規格・法規制などに適用しているかも調査する必要がある。

2-3-1 主な国際規格調査

規格は世界各国共通の国際規格を頂点に、**図2.3.1**に示す主に4つの階層に分類されている。

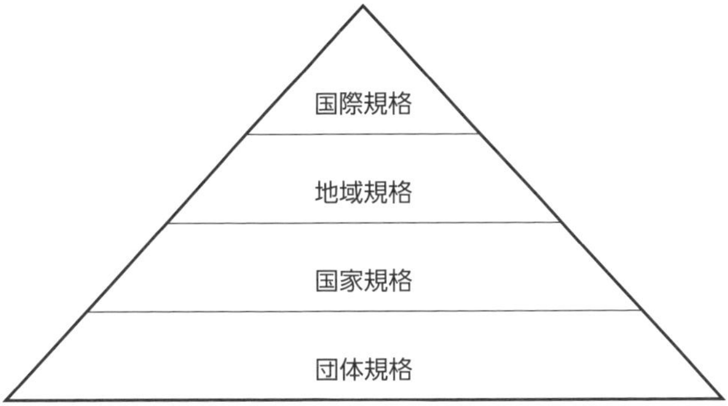

▲図2.3.1　規格の階層

地域規格、国家規格、団体規格は国際規格に基本的に準拠することで統一が図られている。

ISO（International Organization for Standardization：国際標準化機構）規格は、電気・電子技術および関連技術を除いた全産業分野（鉱工業、農業、医薬品等）に関する国際規格である。

ISOは、1947年に各国の団体により設立された。またISOは、「物質及びサービスの国際交換を容易にし、知的、科学的、技術的、経済活動的分野における国際間の協力を助長するために、世界的な標準化およびその関連活動の発展開発を図ること」を目的に設立されている。

また、IEC（International Electrotechnical Commission：国際電気標準会議）規格は、電気・電子技術、関連技術に関する国際規格を規定している。IECは、1906年のロンドン会議で13カ国の代表により創設された。IECは、「ISOとの重複をさけるため、特に電気・電子工学技術及び関連技術における用語と記号、設計と製造、測定と評価、信頼性、安全性、環境への対応などを対象とし、世界的な標準化及び関連活動の発展開発を図ること」を目的としている。

ISOやIECの国際規格を組み合わせて活用することにより、設計する製品に対応できるようになっている。特に製品安全に関する規格などはメカ設計者としても、十分内容を理解した上で設計する必要がある。

ISO12100、ISO13849-1、ISO14121、IEC60204-1などは一度目を通すことを推奨する。

2-3-2　その他の調査

メカ設計者にとっては設計する製品の安全以外に、図面表記、環境対応、有害物質規制などへの対応も重要であり、それぞれの規格への対応については別の章で詳しく説明する。

また、設計する製品が他社の特許を侵害していないかどうかの特許調査と対応、および設計する製品の新技術に関する特許出願の業務などは、設計者にとって特に重要な業務として位置づけられている。

このような調査で得られた情報は、類似製品を設計する場合でも同じような調査を行うため、新規設計で調査した内容を確認することもでき、設計時間の短縮に貢献している。

2-3-3　流用設計とは

電機・精密機器業界でいう流用設計とは、既に社内の製品として世の中に製品が存在し、後継機種として類似製品を設計することをいうことが多い。

一般的に製品立ち上げに要する時間、費用と労力は少なくできるが、競争市場への製品投入になるため、機能・使いやすさ・コストに関する市場要求は高く、市場競争は厳しいのが現状である。製品により市場規模も異なるが、一般的に売上の上位1～3社だけが利益を得られていると言われている。設計者にとって、流用設計だからと言って決して楽な設計とは言えない。機能、コストなどへの細心の配慮が必要である。

店頭に並んでいる製品を実際に購入する場合、選定基準はどのように設定しているだろうか。同じ価格で同じ機能を持つ製品なら、ブランド・イメージの良い製品を選ぶのが一般的である。

同じ機能の製品の場合、多少高くてもブランド・イメージで選定することもあるが、市販価格が安い程、安心して市場に投入できる。

先輩達が築いてきたブランド・イメージを引き継ぎ、進化させる設計が、流用設計者には求められている。

【参考】

市販価格はその製品を店頭に並べるまでにかかる費用として、一般的には開発費（設計、試作）、材料費、加工・組立費、経費などの製造原価と、営業活動費、保守費、広告宣伝費などの営業費のトータルに営業利益を加えたもので決められている。

以下に流用設計されている製品例を示す。

例：液晶テレビ、パソコン、コンパクトカメラなど

設計する上で特に重要視されるものとして、市場投入時期、価格、機能、操作性が挙げられる。流用設計は、以下を考慮することが必要で、設計を始める前には達成目標を立てておく必要がある。

- 開発期間の短縮
- 開発費用の削減
- さらなる品質向上
- ユーザビリティーの向上
- 機能の完成度の向上

■2-3-4　新規設計とは

新規設計とは世の中に無い機能を実現する製品設計のことをいい、電機・精密機器業界では特に新市場を開拓するため社内に新規事業部門を新設し、新製品の開発・設計を行うことが多い。企業によっては、製品の大幅なモデルチェンジを行うことも新製品の設計として扱うこともある。

新規設計は新製品を市場に投入するため、特に製品機能が市場ニーズに一致していることが重要となる。一般的に製品立ち上げに要する時間、開発費用と労力は掛かるが、製品機能が市場ニーズに合えば売上、利益は期待できる。市場への投入時期と市場ニーズにマッチしているかが売り上げと利益に影響するため、製品機能を決める設計仕様の重要性が問われることになる。

新規設計は、設計経験を積んだ設計者でないとなかなか取り組めない設計である。設計者として製品開発への情熱と忍耐力を要求される設計といえる。

新製品の開発ということで、特に法規制、環境規制など今までの経験だけでは対応できない内容も多く含まれているため、幅広い知識と対応が必要となる。会社としても先行投資も多額になるため、製品に関する特許を取得するなどで、一定期間は製品の権利保障も必要となる。

また、製品の開発過程では今まで経験したことのない課題も多く発生するため、後戻りをしない着実な開発が要求される。最近では、実機試作による検証だけでなく、3Dデータを活用したデジタル検証を活用することで、開発段階での検証を効率的に実施していくことが主流になっている。設計者自ら検証実験を実施していくことも重要だが、関係部門との信頼関係を築き、協力を得られる体制作りも必要である。

製品開発は設計者が中心となり、チームで製品をつくりあげていく工程でもある。設計者が襟を正し、信頼のできるチームを作り上げることこそ、設計を成功させるための重要なポイントといえる。

以下に新規設計を実施する上での多くの事前検討例（長期の開発期間、特許戦略など）を示す。設計着手前に下記検討項目に関する達成目標を事前に立てておく必要がある。

- 市場調査（市場類似製品、お客様ニーズ）
- 特許調査（自社および他社、特に自社取得特許）
- 法規制調査（生産地・販売地特有の規制、輸出規制）
- 技術課題調査（実装技術の優位性、生産技術）
- 生産地調査（材料調達、部品調達）

第3章

3D図面と幾何公差

1990年代後半から日本の産業界に3D CADが導入されたことにより、形状認識がしやすいということもあり、モデルをベースとした設計が主流になってきた。最近では、設計成果物も、寸法公差で定義していた2D図面から、幾何公差定義による3D図面へと順次移行している。

これは、従来あいまいな定義・解釈しかできなかった寸法公差指示を、設計意図を正確に定義できる幾何公差指示に変えるだけでなく、後工程における自動加工、自動検査など、生産性功率に多くの効果を発揮することになる。今後、日本の産業界に幾何公差をベースとした3D図面を推進していくためには、若い技術者の教育といった視点からも、産業界が主体となって産学官連携を意識して取り組んでいく必要がある。

3-1 3D図面とは

3-1-1 JIS B 0060規格群

日本の産業界では、本書の「1-3 3D図面JIS規格」に記載したように、2015年よりISO 16792（Technical product documentation-Digital product definition data practices）をベースにJIS B 0060シリーズの開発が進められている。

これから3D図面を導入しようと検討している企業、特に機械系技術者および技術系の学生諸君は、既に発行されている下記のJISを一度熟読されることをお勧めする。以下は、今までに発行された3D図面関係のJISで、第1部から第7部が一般公開されている。なお、予定では第10部まで制定されることになっている。なお、以下の第8部から第10部は現時点（2020年、本書執筆時）では案として理解して頂きたい。

【JIS B 0060 デジタル製品技術文書情報の規格群の構成】

JIS B 0060-1　第1部：総則

JIS B 0060-2　第2部：用語

JIS B 0060-3　第3部：3DAモデルにおける設計モデルの表し方

JIS B 0060-4　第4部：3DAモデルにおける表示要求事項の指示方法－寸法及び公差

JIS B 0060-5　第5部：3DAモデルにおける幾何公差の指示方法

JIS B 0060-6　第6部：3DAモデルにおける溶接の指示方法

JIS B 0060-7　第7部：3DAモデルにおける表面性状の指示方法

JIS B 0060-8　第8部：3DAモデルにおける非表示要求事項の指示方法（予定）

JIS B 0060-9　第9部：DTPD及び3DAモデルにおける一般事項（予定）

JIS B 0060-10　第10部：組立3DAモデルの表し方（予定）

JIS B 0060：デジタル製品技術文書情報 シリーズでは3D図面の定義と、3D図面を作成するための各種方法を規格化している。本章では、3D図面を作成する上で、特に必要な規格内容を「JIS B 0060-3 第3部：3DAモデルにおける設計モデルの表し方」、「JIS B 0060-4 第4部：3DAモデルにおける表示要求事項の指示方法－寸法及び公差」、「JIS B 0060-5 第5部：3DAモデルにおける幾何公差の指示方法」を基に解説する。

ここで使用される用語は、JIS B 0060-2 第2部：用語を参照のこと。

3-1-2　三次元製品情報付加モデル（3D annotated model）

三次元製品情報付加モデルとは、「三次元CADを用いて作成された設計モデル（JIS B 0060-2の3.3参照）に、製品特性（表示要求事項、及び／又は非表示要求事項）、二次元図面とモデル管理情報（JIS B 0060-2の3.7参照）を加えたモデル」とJIS B 0060-2 第2部：用語に定義されている。

3-1-3　座標系と尺度

3D図面の3D表示は、基本的にはJIS Z 8310における「三次元」製図によるが、設計モデルには直交座標軸からなる右手座標系（X、Y、Z）を1つ以上設定する必要がある。表示尺度に関しては現尺で表現することとし、設計モデルとその保存ビューの表示尺度は特に設定する必要はない（**図3.1.1**参照）。

座標系は三次空間内で作成した設計モデルの位置を固定するもので、幾何学的な原点や、原点に対するX座標、Y座標、Z座標での設計モデルの位置を定義できる特徴を持っている。これにより、工作機械や測定機などの移動情報や角度情報をデータとして設定でき、加工、計測などの後工程での活用が期待されている。

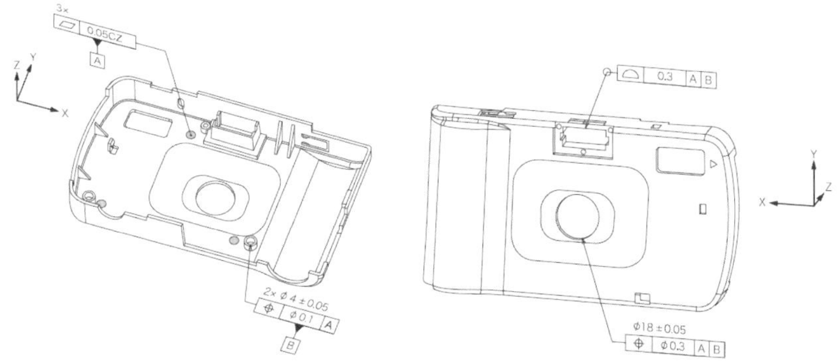

(a) 座標系とデータム指示例　　(b) 輪郭度と位置度指示例

▲**図3.1.1**　三次元製品情報付加モデルの表示例（JIS B 0060-1：附属書Bの図B.1より引用）

3-1-4　表示要求事項（アノテーション）、要求事項配置面（アノテーションプレーン）

(1) 表示要求事項（アノテーション）

3D図面における表示要求事項は、設計モデル（JIS B 0060-2の3.4参照）に関連付けて表示する設計要求事項のことで、設計モデルに対し要求事項配置面（JIS B 0060-2の3.12参照）を用い設計要求事項を表記するとJIS B 0060-2の3.10で定義されている。2D図面で形状に関連付けて記載していた、寸法・公差・表面性状・熱処理・溶接などが該当する。

(2) 要求事項配置面（アノテーションプレーン）

3D図面における要求事項配置面は、表示要求事項を設計モデルに関連付けて指示する場合に用いているが、実際には存在しない概念的な平面とJIS B 0060-2の3.12で定義されている。主に次のような特徴がある。

a) 要求事項配置面は**図3.1.2**に示すように、基本的には3Dモデルの原点に対するX座標、Y座標、Z座標に対し、平行な面となっている。ただし、X座標、Y座標、Z座標に平行でない場合もあり、任意の方向の要求事項配置面を設定することもできる。要求事項配置面に記載した表示要求事項が重なり、読みづらくならないよう配置を考慮する必要がある。

b) 要求事項配置面上の表示要求事項は、寸法線、寸法補助線、引き出し線などを用い、設計モデルとの関連性を指示する。

c) 要求事項配置面上の表示要求事項の色は、特に指定はないが、周囲との識別が明確になるよう配慮が必要である。

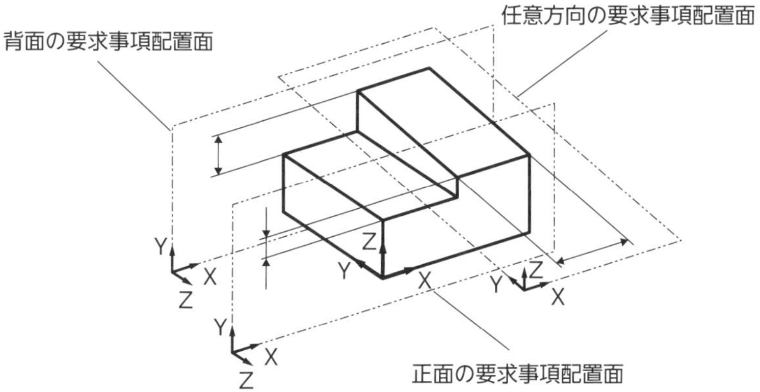

▲**図3.1.2**　要求事項配置面の一例（JIS B 0060-4、5表示要求事項及び要求事項配置面の図1より引用）

■3-1-5　線

JIS B 0060-3では、3DAモデルに用いる線は、線の用途により**表3.1.1**を適用すると定義している。

▼**表3.1.1**　3DAモデルに用いる線（JIS B 0060-3、4.4.2の表1より引用）

線の用途及び名称	**線の種類**	
設計モデルの見える部分の形状を表すために用いる線。外形線。	太い実線	
寸法記入に用いる線。寸法線[a]。	細い実線	
寸法を記入するために設計モデルの外形線から引き出す線。寸法補助線[a]。		
記述、記号などを示すために設計モデルの外形、寸法線などから引き出す線。引出線（参照線を含む）[a]。		
形体の線としては見えないが面と面との間の正接していることを表す線。正接エッジ[b]。		
方向を示す場合に捕捉的に用いる線		
設計モデルの見えない部分の形状を表すために用いる線。かくれ線。	細い破線	
形体の中心を表すために用いる線。中心線。	細い一点鎖線	
中心が移動する中心軌跡を表すために用いる線。		
識別のための領域を表すために用いる線。	細い二点鎖線	
データムターゲットの領域を表す線。		

注 a) 要求事項配置面で用いる線。
b) 3D CADによっては、スムースエッジなどとも呼ばれる。

また、引き出し線は寸法、物 、外形線などを参照する線であり、引き出し線の終端はJIS B 0060-3では以下のように定義している（以下、JIS B0060-3、4.4.3より引用）。

- 対象物の外郭形体（表面）から引き出す場合は、その終端に塗りつぶしの丸を付ける（**図3.1.3**参照）。
- 補足幾何形状（中心線など）及び／又は寸法補助線から引き出す場合は、終端に30°塗りつぶし矢を付ける。

- 対象物の外郭形体の外形線から引き出す場合は、終端に30°塗りつぶし矢を付ける（**図3.1.4**参照）。
- 寸法線上から引き出す場合は、終端に塗りつぶしの丸及び30°塗りつぶし矢は付けない。
- 塗りつぶしの丸及び30°塗りつぶし矢の色は、引出線と同じ色とする。また、塗りつぶしの丸及び30°塗りつぶし矢の寸法は、JIS Z 8317-1による。

  注記　指示する面の状態にもよるが、丸の半分は表面下に配置し、更に保存ビューの視線の方向によっては、完全な円（半円）には見えないことがある。

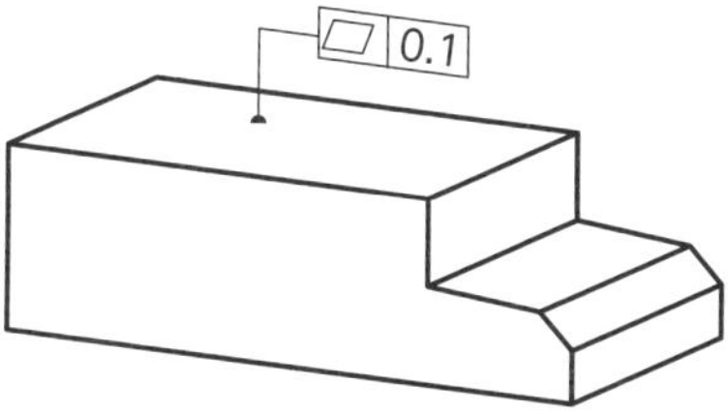

▲**図3.1.3**　塗りつぶしの丸の使用例

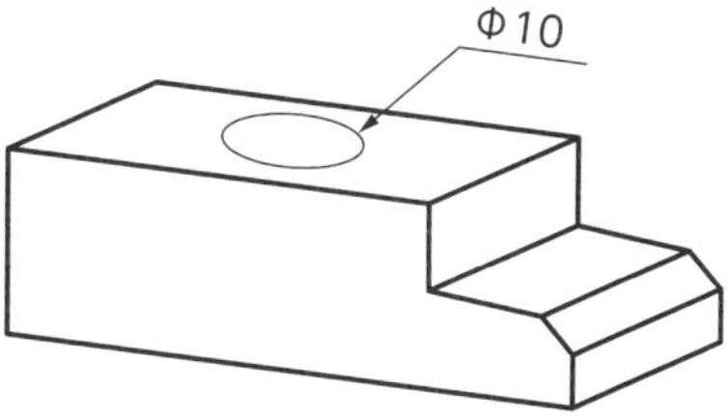

▲**図3.1.4**　30°塗りつぶし矢の使用例

（図3.1.3、図3.1.4は本書のオリジナルの図を掲載）

3-1-6　断面

設計モデルの断面の表示については、現時点ではまだCADシステムにより表現方法も統一されていないこともあり、特に規定されていない。ここでは、JIS B 0060-3附属書A（参考）に、断面を指示する必要がある場合の表し方として、断面を表示したい位置に切断面を作成し、その断面の保存ビューを作成する方法が示されているので紹介する（**図3.1.5**参照）。

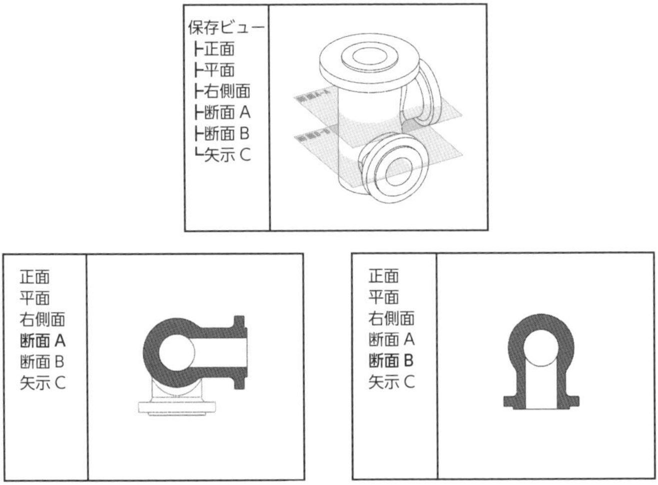

▲**図3.1.5**　断面の表示例（JIS B 0060-3、附属書Aの図A.1より引用）

3-1-7　領域指定

領域の指示はCADシステムにより機能が異なり、対応が統一できないためまだ検討の余地がある。一例として、形体の表面に細い二点鎖線で範囲を識別できるようにする方法を示す（**図3.1.6**、**図3.1.7**参照）。

領域の作成方法の例として以下を紹介する。

- 形体の表面を面分割する方法
- 形体の表面にスケッチなどの処理で別の面を作成し、指定領域とする方法

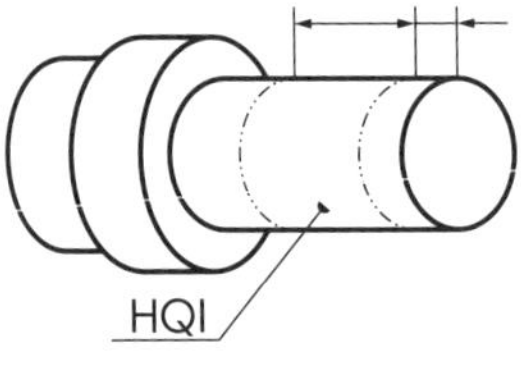

▲**図3.1.6**　円筒面上に指示する例

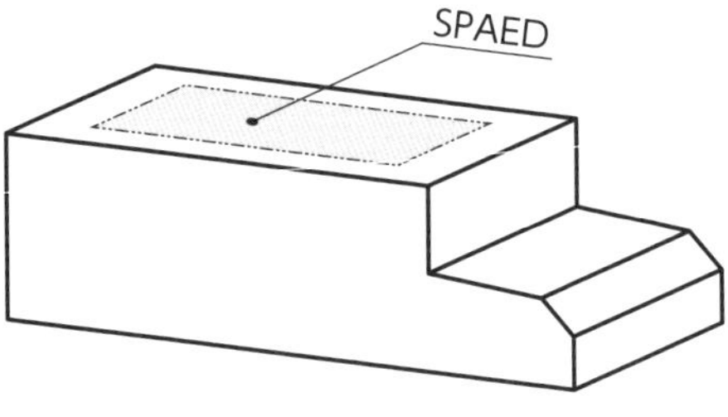

▲**図3.1.7**　平面上の指示例

■ 3-1-8　寸法と公差の表示方法

ここで説明する寸法、公差の表示方法は、JIS B 0001を基本としているが、3D図面特有の表示方法として、JIS B 0060-4で定義された内容の一部を紹介する。

(1) 寸法の記入方法

① 寸法、公差は、寸法線、寸法補助線、寸法補助記号と共に、要求事項は要求事項配置面上に配置する。

② 寸法、公差、寸法線、寸法補助線、寸法補助記号は、設計モデルの外に配置する（内部に配置すると重なり合い、解読が難しくなる）。

③ 公差付き寸法は、設計モデルに直接指示し、注記などで指示しない。

④ 設計モデルは形状そのものに寸法を持っているため、寸法指示がない箇所は設計モデルから取得し、公差は普通寸法公差を適用する。その場合、割り切れない数値などは、適切な有効桁数で四捨五入により丸める。

⑤ 設計モデルを定義する上で関連する寸法は、一つの要求事項配置面にまとめて記入する。

⑥ 円弧の寸法は、円弧が180°までと180°を超える場合で表記方法が異なる。円弧が180°までの場合は半径（**図3.1.8**参照）、それを超える場合は直径で表す（**図3.1.9**、**図3.1.10**参照）。

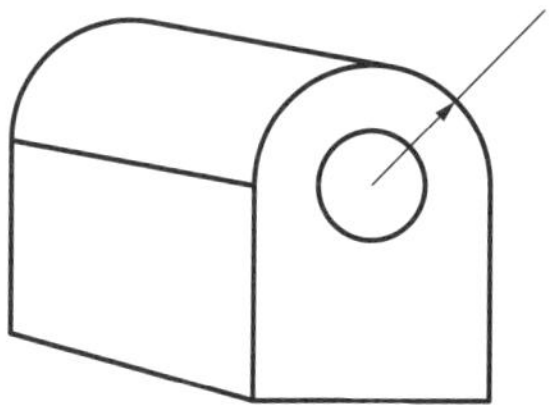

▲**図3.1.8**　円弧が180°以下の場合の例

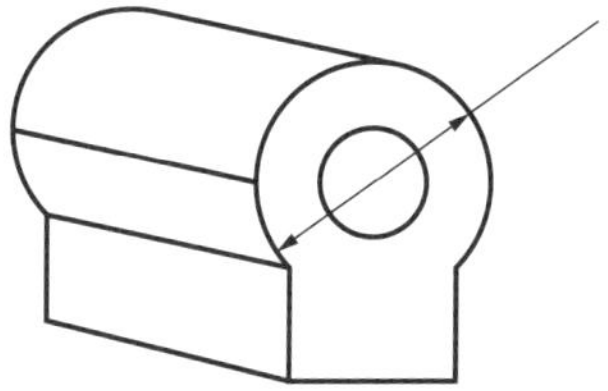

▲**図3.1.9**　円弧が180°以上の場合の例

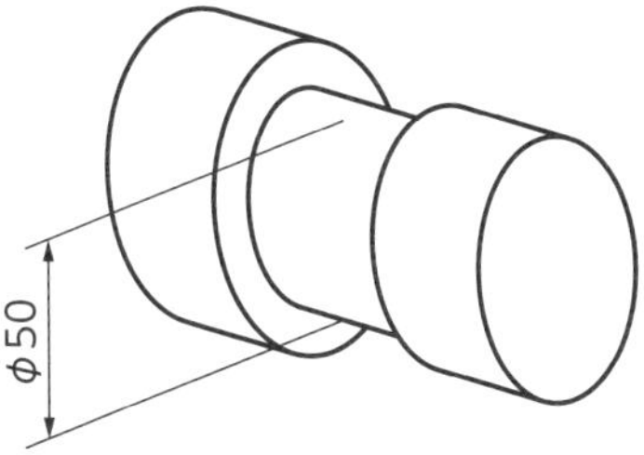

▲**図3.1.10**　直径の寸法を指示した例

⑦ 理論的に正確な（正しい）寸法（TED：theoretically exact dimension）を表記する場合、寸法数値を寸法補助記号と一緒に四角い枠で囲む方法と、寸法数値だけ四角い枠で囲む方法がある。ただし、同一の3DAモデルで混在してはならない。

⑧ 中心点、中心線は、寸法の指示に必要な場合のみ指示をする（**図3.1.11**参照）。

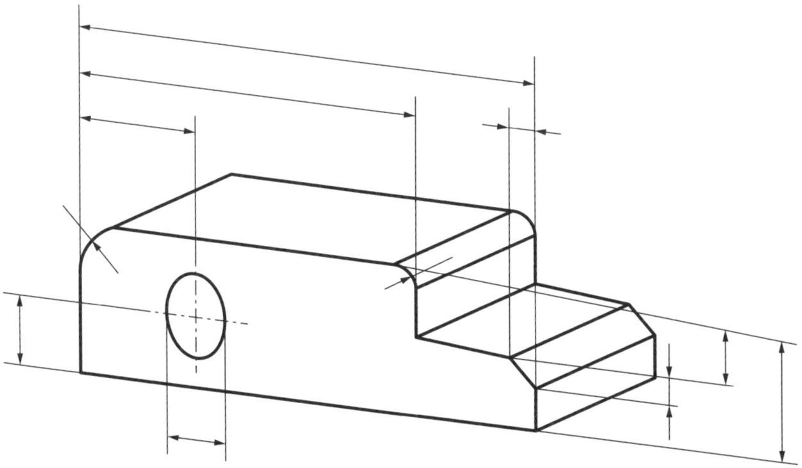

▲**図3.1.11**　寸法補助線、寸法線の例

(2) 寸法補助線の記入方法

① 寸法補助線は、要求事項配置面内に指示する。その時、寸法補助線は外殻形

体、外殻形体に関連付けた補足幾何形状か、誘導形体の中心線から引き出す。寸法補助線は、寸法線に直角で寸法線を少し越えるまで延長する（**図3.1.11**、**図3.1.12**参照）。

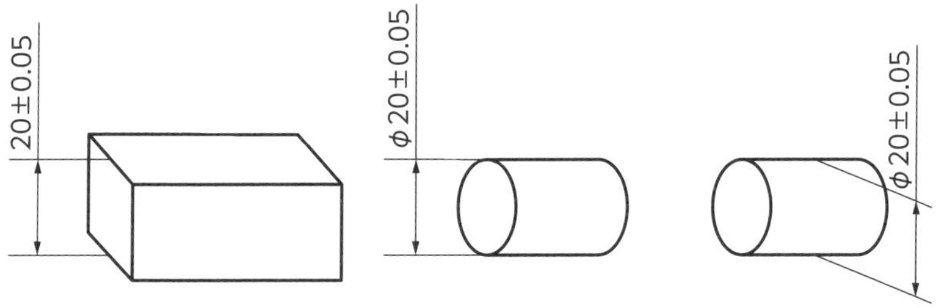

(a) 指示例 1　(b) 指示例 2　(c) 指示例 3

▲**図3.1.12**　寸法補助線、寸法線の例

② 関連する複数の位置寸法は、一つの要求事項配置面に配置する（**図3.1.13**参照）。

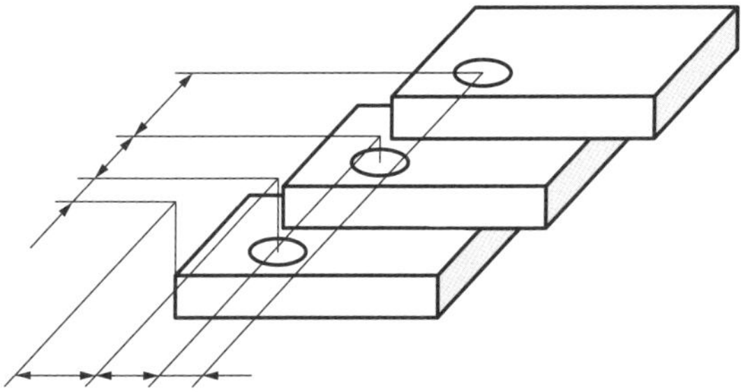

▲**図3.1.13**　寸法補助線が折れ曲がる例

(3) 寸法線の記入方法

JIS B 0060-4で定義されている内容のうち、寸法線の記入方法として特によく使用される記入方法について紹介する。

① 長さ、角度を指示する寸法線は以下による。

弦の長さ（**図3.1.14**(a))、円弧の長さ（**図3.1.14**(b))、角度寸法（**図3.1.14**(c))で指示する。その時、寸法線の両端には端末記号を付ける（**図3.1.15**)。ただし、3D CADの機能により指示できない場合があるので、事前に確認する必要がある。

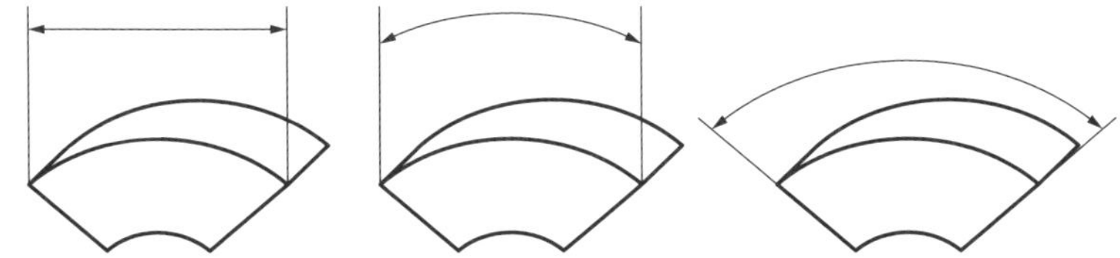

(a) 弦の長さの指示例　(b) 円弧の長さの指示例　(c) 角度寸法の指示例

▲**図3.1.14**　弦、円弧、角度寸法の指示例

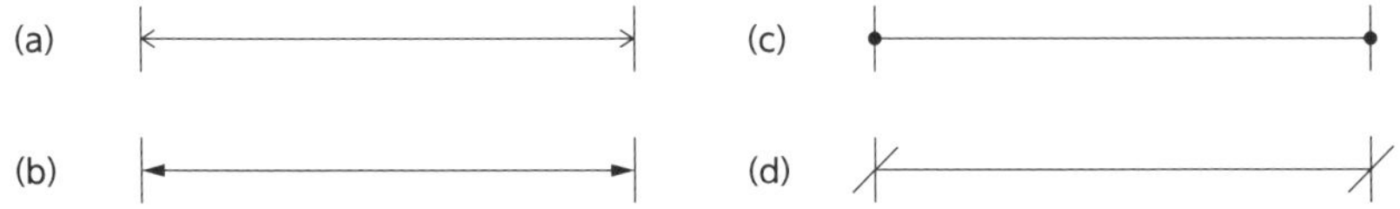

▲**図3.1.15**　端末記号の例

② 角度サイズを寸法線で指示する場合は、二つの平面形体のなす角度と、相対する円すい表面からなる角度で指示する（**図3.1.16**参照)。

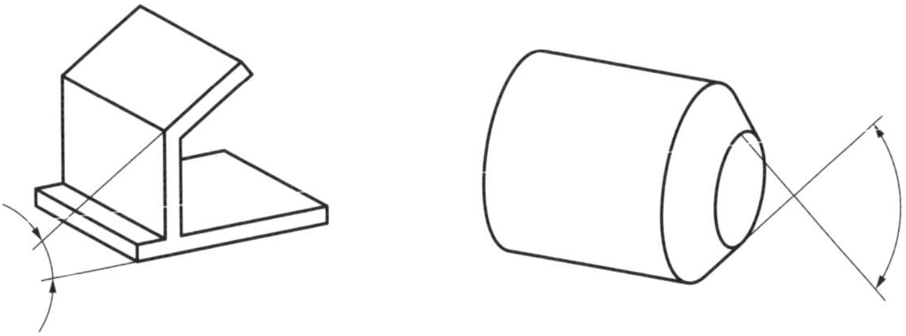

▲**図3.1.16**　角度サイズの寸法線の例（JIS B 0060-4、6.3の図15より引用）

③ 段差がある形体間の寸法記入は、主に以下の二通りがある（**図3.1.17**参照）。

- 直列寸法を指示する方法。
- 一方を起点とし累進寸法を指示する方法。

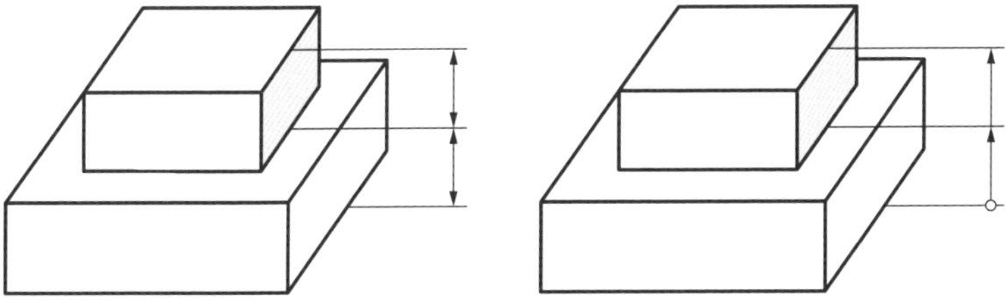

(a) 直列寸法の指示例　　(b) 累進寸法の指示例

▲**図3.1.17**　直列寸法と累進寸法の指示例

(4) 寸法数値の記入方法

JIS B 0060-4の定義より、よく使用する記入方法を以下に示す。

① 長さ寸法は、寸法線のほぼ中央の上側に、わずかに離して指示する（**図3.1.18**参照）。

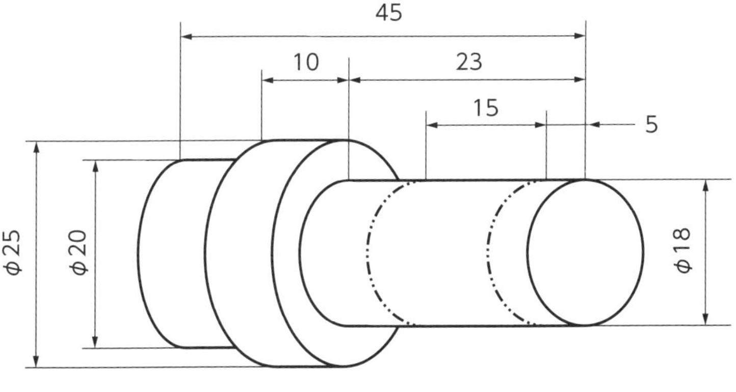

▲**図3.1.18**　水平方向、垂直方向に寸法数値を指示する例

② 図面に指示した寸法値が解読しにくくならないよう、寸法数値は寸法線と交わらない箇所に記入する（**図3.1.19**参照）。

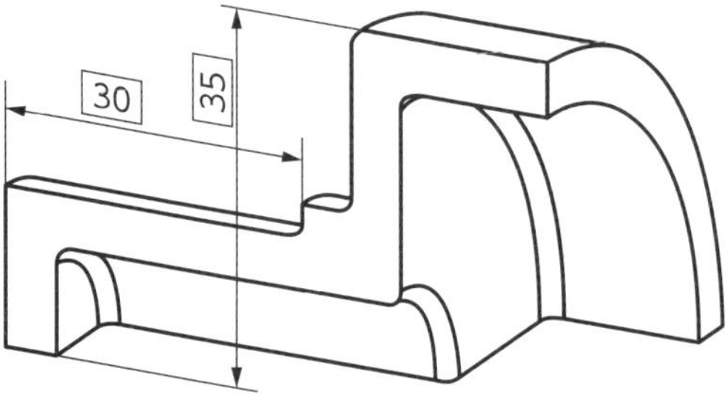

▲**図3.1.19**　寸法数値を寸法線の交わらない箇所に記入する例（JIS B 0060-4、6.4の図27より引用）

③ 同一形状で、寸法が異なる類似部品などは、寸法数値の代わりに文字記号を用い、寸法数値を別の表、もしくは非表示要求事項（JIS B 0060-2の3.11参照）

記号	品番		
	1	2	3
L_1	1915	2500	3115
L_2	2085	1500	885

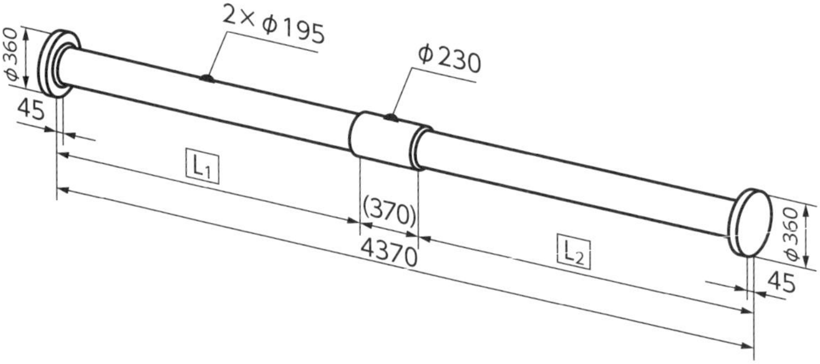

▲**図3.1.20**　寸法数値の代わりに文字記号で表す例（JIS B 0060-4、6.4の図30より引用）

などで表示することができる（**図3.1.20**、**図3.1.21**参照）。この時、設計モデルは別に表した寸法数値の中の一例で作成する。

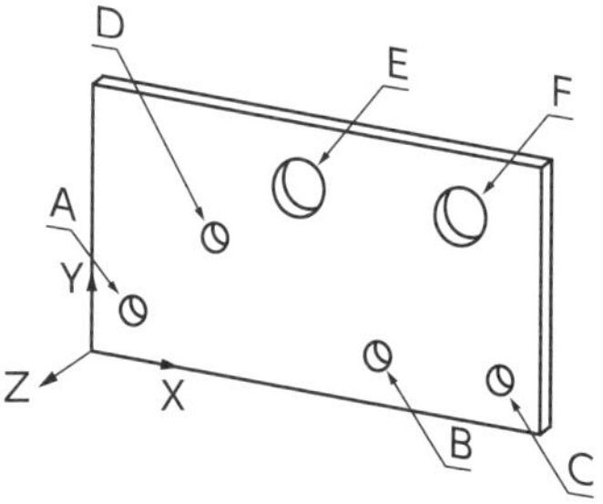

（a）文字記号の指示例

	X	Y	Z	φ
A	20	20	0	13.5
B	140	20	0	13.5
C	200	20	0	13.5
D	60	60	0	13.5
E	100	90	0	26
F	180	90	0	26

（b）表の列の指示例

▲**図3.1.21**　正座標寸法記入法の例（JIS B 0060-4、6.5.4の図40より引用）

④ 半径の指示は以下による（**図3.1.22**参照）。

半径の寸法補助記号“R（radius）”は、寸法値の前に付けて、寸法値と同じ大きさで指示する。

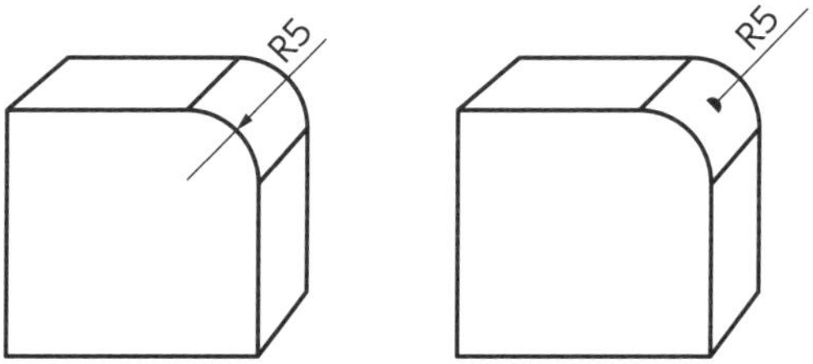

（a）矢印の指示例　（b）塗りつぶし丸の指示例

▲**図3.1.22**　半径の指示例

⑤ 直径の指示は以下による（**図3.1.23**参照）。

直径の寸法補助記号“ϕ（ギリシャ文字のファイ）”は、寸法数値の前に付けて、寸法数値と同じ大きさで指示する。

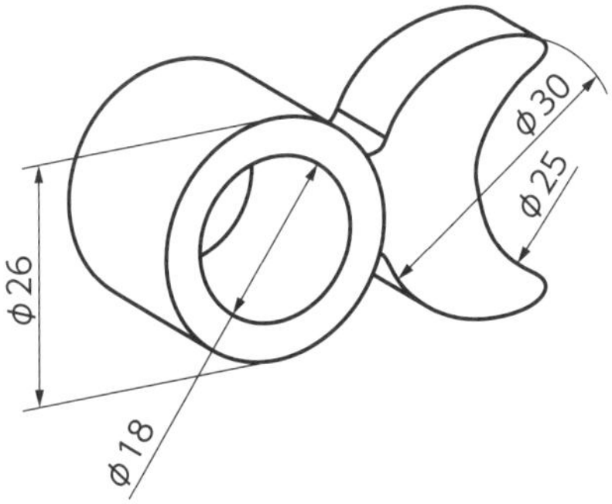

(a) 円弧、全円の直径に寸法数値を記入する例

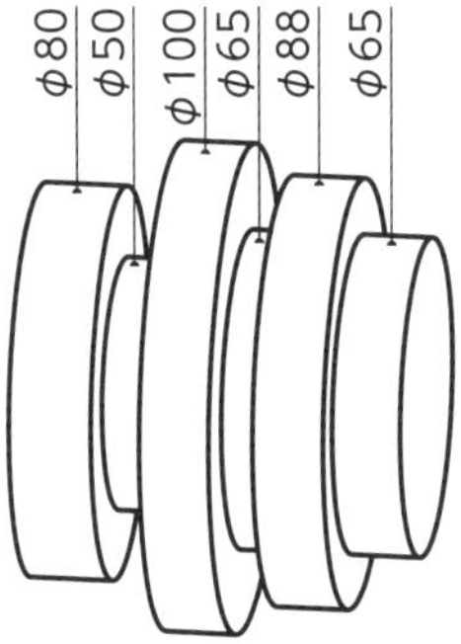

(b) 直径の異なる円筒が連続している円筒に寸法数値を記入する例

▲**図3.1.23**　直径の寸法の記入例（JIS B 0060-4、6.6.3の図48と図52より引用）

⑥ 角度が大きい円弧の指示は以下による。

寸法補助線は弦と同じ方法で指示する。ただし、寸法線は円弧と同心の円弧として引き、寸法補助記号“⌒”（円弧の長さ）を円弧の寸法数値の前に付ける（**図3.1.24**参照）。また、円弧の誘導形体が中心線（センターライン）のときは、寸法数値の後に［CL］（CL：センターライン）を追記する。

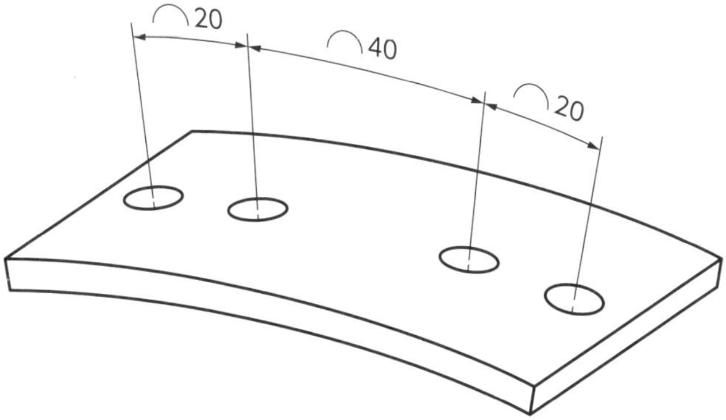

▲図3.1.24　連続した円弧の長さの指示例（JIS B 0060-4、6.6.6の図60より引用）

⑦ ざぐり、深ざぐりの指示方法は以下による。

ざぐりを付ける穴の直径寸法（**図3.1.25**の例ではφ9D）の後に、ざぐりを示す寸法補助記号“⌴”を付ける。この記号に続けてざぐりの入り口の直径寸法（**図3.1.25**の例ではφ14）を、軸線またはざぐりの外形に関連付けた引き出し線の上に指示する（**図3.1.25**参照）。また、穴の深さを指示する場合は、“↧”の後に穴の深さの数値を記入する。

深ざぐりもざぐりと同じ指示方法による。

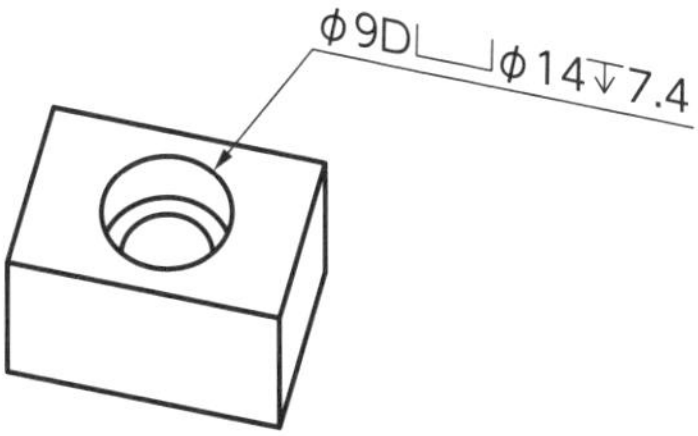

▲図3.1.25　深ざぐりの指示例（JIS B 0060-4、6.7の図75より引用）

⑧ 皿ざぐり穴の表し方は以下による。

皿ざぐり穴の表し方の指示方法は、皿穴の直径寸法（**図3.1.26**の例ではφ9D）の後に、皿ざぐり穴を示す寸法補助記号“ ∨ ”を付ける。この記号の後に続けて皿ざぐり穴の入り口の直径寸法（**図3.1.26**の例ではφ14）を、中心軸または皿ざぐりの外形に関連付けた引き出し線の上に指示する（**図3.1.26**参照）。

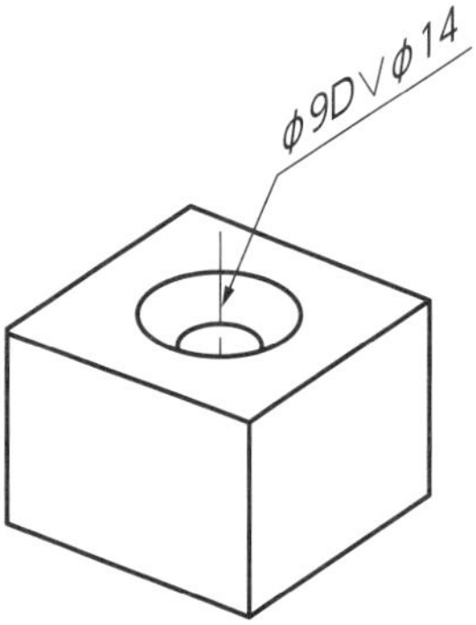

▲**図3.1.26**　皿ざぐりの指示例（JIS B 0060-4、6.7の図76より引用）

⑨ 勾配《こうばい》とテーパの表し方は以下による。

勾配とテーパの指示方法はJIS B 0028に基づき以下のように指示する。

勾配を指示する場合は、形体の外形から引き出し線を水平に引き、その

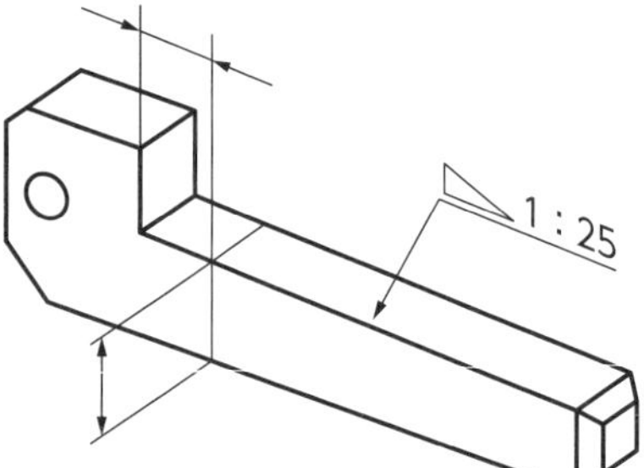

▲**図3.1.27**　勾配の表示例（JIS B 0060-4、6.8.7の図91より引用）

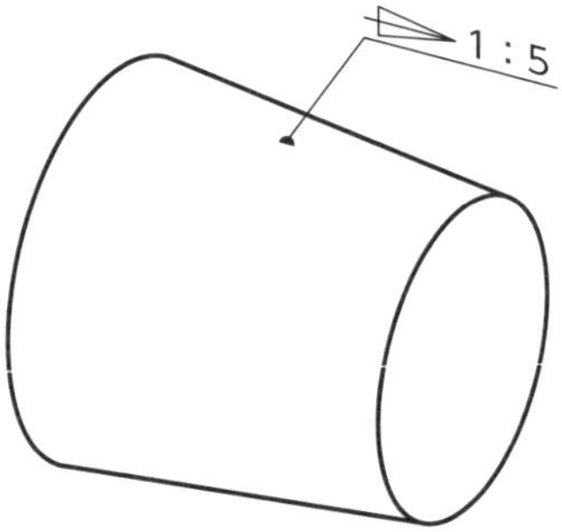

▲**図3.1.28**　テーパの表示例（JIS B 0060-4、6.8.8の図92より引用）

上に勾配の図記号“ ⊿ ”を形体の勾配の方向に一致させて指示する（**図3.1.27**参照）。

テーパを指示する場合は、形体の外形から引き出し線を水平に引き、その上にテーパの図記号“▷”の中心線と引き出し線を平行に指示する。テーパ比（**図3.1.28**の例では1：5）と向きを指示する必要がある場合は、図記号“▷”をテーパの方向に一致させて指示する（**図3.1.28**参照）。

⑩ 限定した位置と範囲への表示要求事項を指示する方法。

外殻形体の限定したい領域に補足幾何形状を描き、表示要求事項と関連づける（**図3.1.29**参照）。このとき、補足幾何形状の位置と範囲を明確にするため、位置と範囲は理論的に正確な寸法（TED：theoretically exact dimension）で指示しなければならない。

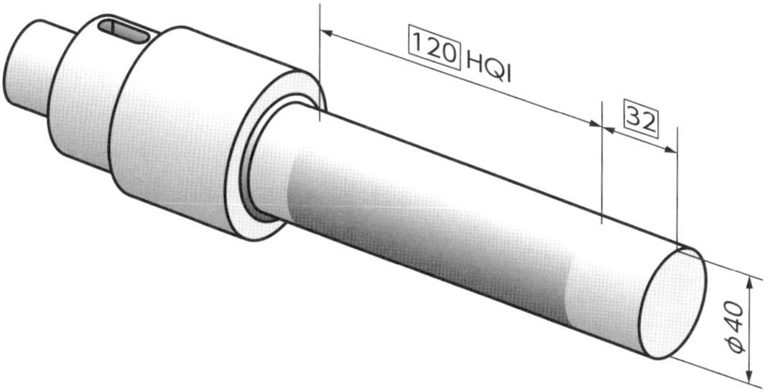

▲**図3.1.29**　位置と範囲を限定指示する例（JIS B 0060-4、6.10の図96より引用）

⑪ 同一形状の寸法を表示する場合。

一つの3Dモデル内における同一形状には一ヶ所のみに寸法を記入する（**図3.1.30**参照）。図例では、左右同じ形状のフランジがあり、一方のみに寸法を記入している。

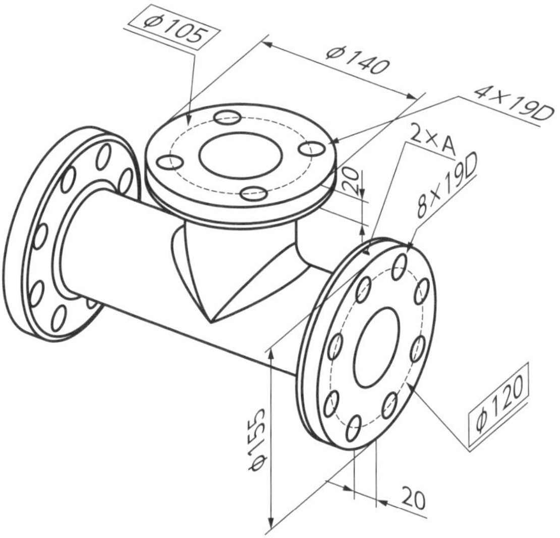

▲**図3.1.30**　同一形状の寸法の指示例（JIS B 0060-4、6.12の図97より引用）

⑫ 外形図の寸法の表し方は以下による。

外形図の寸法指示は、外形の大きさ（横方向、縦方向、奥行き方向と高さ方向の寸法）と、組み立てる上で必要な寸法を指示する（**図3.1.31**参照）。

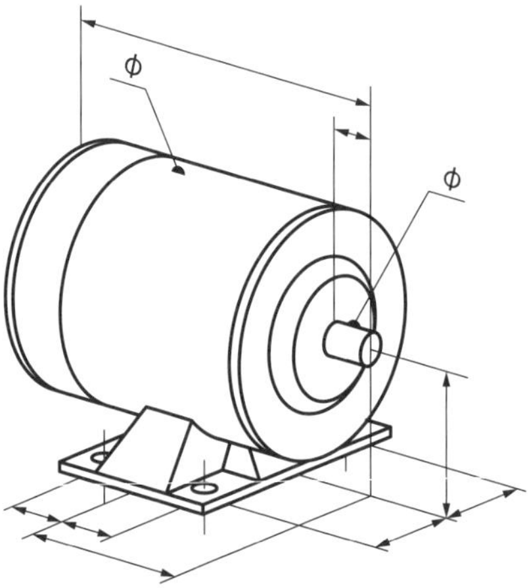

▲**図3.1.31**　外形寸法の指示例（JIS B 0060-4、7の図99より引用）

3-2 幾何公差

「JIS B0420-1製品の幾何特性仕様（GPS）―寸法の公差表示方式―第1部：長さに関わるサイズ」が2016年に発行されたことにより、日本でも「寸法」を「サイズ公差」と「幾何公差」に使い分けることが明確になった。この規格は、従来からISOで規格化され、ヨーロッパ、アメリカの産業界では一般的に使用されている。しかしながら、日本の産業界では幾何公差はまだ試行が始まったばかりで、本格的に使用している企業はまだ限られている。近年、特に海外での生産を視野に入れた企業においては、いつまでも国際ルールを無視することもできず、国際ルールに準拠した図面の必要性から急速に導入が図られるようになってきた。

国際会議でも幾何公差による3D図面の展開を視野に入れた活動が本格的に始まり、3D CADシステム側も順次対応してきている。

最近では、幾何公差に関する専門書も多く出版されている。これから設計業務に携わる技術者には、幾何公差に関する専門書を読み、内容を詳細に学習することをお勧めする。ここでは、幾何公差を初めて使用する設計者が、3D図面を理解する上で最低限知っておかなければならない基本的な内容とデータム、形状公差、位置度、姿勢公差に絞って解説する。

3-2-1 形体

形体はISO14660［Geometrical Product Specifications(GPS)-Geometrical features］や、JIS B 0021［製品の幾何特性仕様（GPS）-幾何公差表示方式-形状、姿勢、位置及び振れの公差表示方式］で規定されている。

形体には外殻形体《がいかくけいたい》と誘導形体《ゆうどうけいたい》がある。外殻形体とは現実に存在しているもので、直方体・円筒の外側表面、穴、溝、ねじ山、面取り部分などをいい、誘導形体とは現実には存在しないもので、外殻形体から派生した直方体、円筒の軸線、中心面などをいう（**図3.2.1**参照）。この形体の公差域を定義するのが幾何公差である。

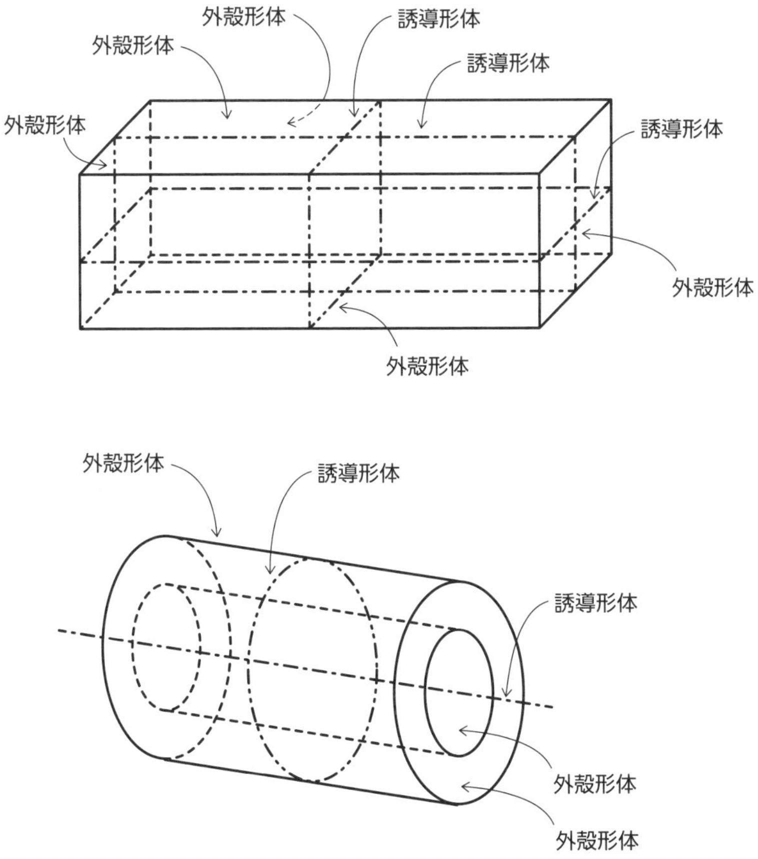
外殻形体
誘導形体
外殻形体
誘導形体
外殻形体
誘導形体
外殻形体
外殻形体
外殻形体
誘導形体
誘導形体
外殻形体
外殻形体

▲**図3.2.1**　形体

3-2-2　理論的に正確な寸法（TED）

JIS Z 8114 :1999-製図-製図用語では、「形体の位置又は方向を幾何公差（輪郭度、位置度、輪郭度及び傾斜度の公差）を用いて指示するときに、その理論的輪郭、位置又は方向を決めるための基準とする正確な寸法」と定義されている。

理論的に正確な寸法（以下TEDという）は、**図3.2.2**に示すように寸法を四角形の枠で囲んで指示する。

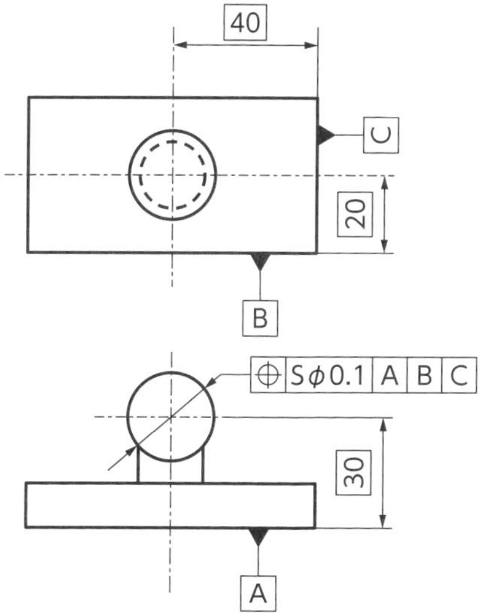

▲**図3.2.2**　TEDの指示事例

3-2-3　幾何公差記号の種類と定義

設計者は、設計する対象物の幾何学的特性を幾何公差を用いて定義する。幾何公差には公差の種類として、形状公差、姿勢公差、位置公差、振れ公差の4種類があり、それぞれの公差に真直度、平面度、真円度、円筒度、線の輪郭度、面の輪郭度、平行度、直角度、傾斜度、位置度、同心度、同軸度、対称度、円周振れ、全周振れなど、**表3.2.1**に示す19個の幾何公差がある。種類は多いようだが、何を設計するかにより使用する幾何公差も限定されてくるため、その都度どのように活用すればよいか順次覚えていけばよい。**表3.2.1**に示すように、形状公差にはデータムの指示は必要ない。

▼**表3.2.1**　幾何公差記号の種類

公差の種類	特性	記号	データム要否
形状公差	真直度	—	否
	平面度	⏥	否
	真円度	○	否
	円筒度	⌭	否
	線の輪郭度	⌒	否
	面の輪郭度	⌓	否
姿勢公差	平行度	//	要
	直角度	⊥	要
	傾斜度	∠	要
	線の輪郭度	⌒	要
	面の輪郭度	⌓	要
位置公差	位置度	⌖	要
	同心度	◎	要
	同軸度	◎	要
	対称度	⌯	要
	線の輪郭度	⌒	要
	面の輪郭度	⌓	要
振れ公差	円周振れ	↗	要
	全振れ	⌰	要

ここで、形状公差、姿勢公差、位置公差の間には、形状公差≦姿勢公差≦位置公差の関係があることを覚えておこう。

- 図面指示の例としては**図3.2.3**のようになる。

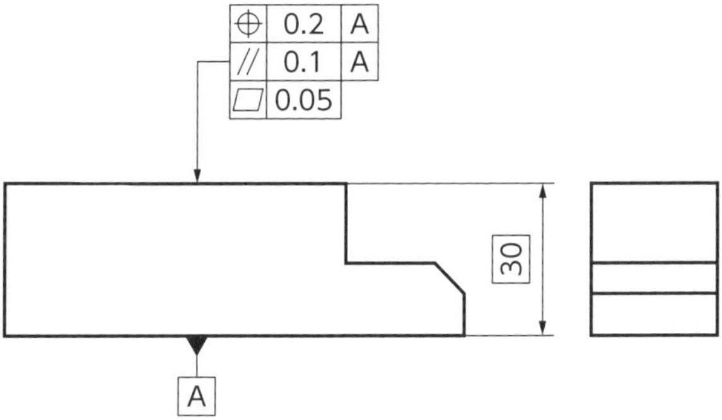

▲**図3.2.3**　図面指示

- 形状公差、姿勢公差、位置公差の公差域の関係は**図3.2.4**のように表すことができる。

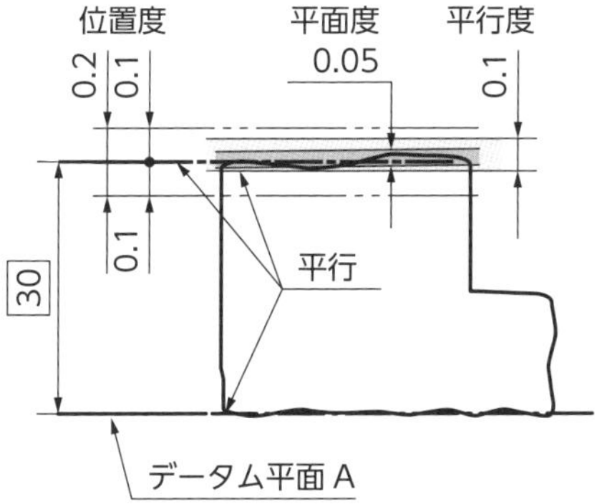

▲**図3.2.4**　公差域

● 形状公差≦姿勢公差≦位置公差の関係は**図3.2.5**のようになる。公差を決める時には注意が必要である。

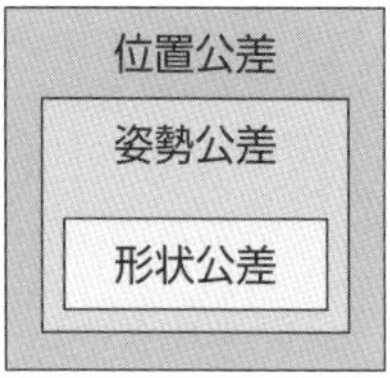

◀**図3.2.5**　形状公差≦姿勢公差≦位置公差の関係

3-2-4　データム（datum）

データム（datum）は、JIS B 0022（「幾何公差のためのデータム」2.用語の意味）では以下のように定義されている。

「関連形体に幾何公差を指示するときに、その公差域を規制するために設定した理論的に正確な幾何学的基準。例えば、この基準が点、直線、軸直線、平面及び中心平面の場合には、それぞれデータム点、データム直線、データム軸直線、データム平面及びデータム中心平面と呼ぶ。」

データムとは実在するものでなく、**図3.2.6**に示すように、測定対象部品のデータム形体と、測定対象部品と接触する定盤《じょうばん》、軸受のような実用データム形体とにより導かれる理想的な基準のことをいう。

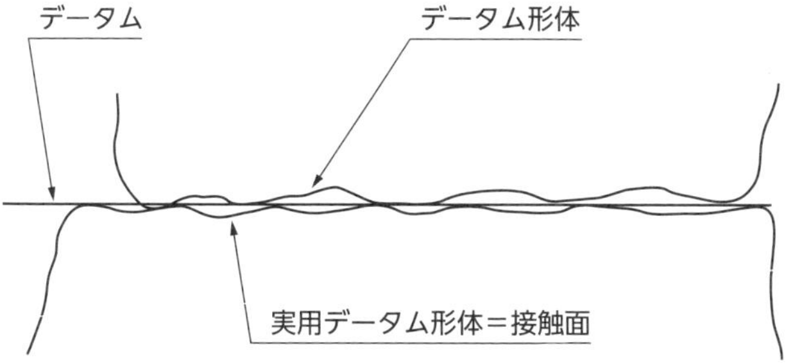

▲**図3.2.6**　データムとは

データム点の指示方法

- 円、球体などの中心をデータムとして設定する場合

  寸法線の延長の外殻形体の表面に、データム記号とその延長線にデータム指示を行う（**図3.2.7**参照）。

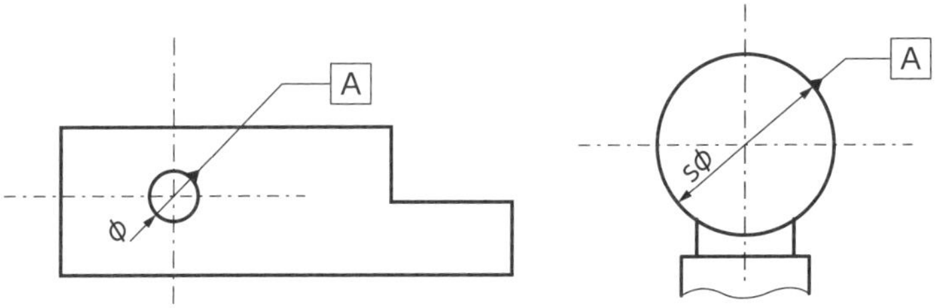

(a) 円の中心を設定する例　　(b) 球体の中心を設定する例

▲**図3.2.7**　データム点の指示例

データム軸直線の指示方法

- 円筒軸、円筒穴の軸線をデータムとして設定する場合（**図3.2.8**参照）。

  寸法線の延長にデータム記号とその延長線にデータム指示を行う。

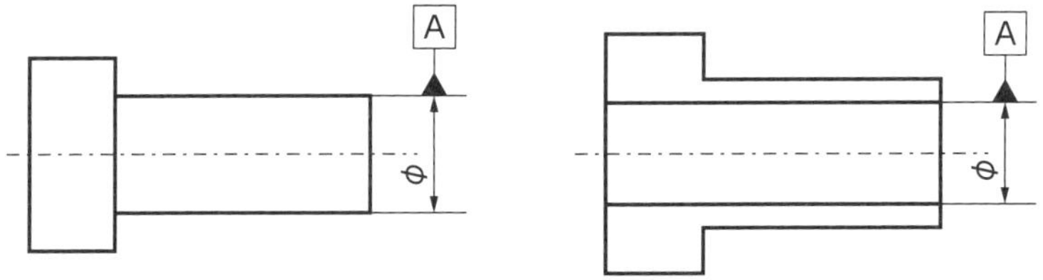

(a) 円筒の軸をデータム設定する例　　(b) 円筒穴の軸をデータム設定する例

▲**図3.2.8**　データム軸直線の指示例

データム平面の指示方法

- 外殻形体をデータムとして設定する場合

  外殻形体に直接データム記号を付け、その延長線にデータム指示を行う（**図3.2.9**参照）。

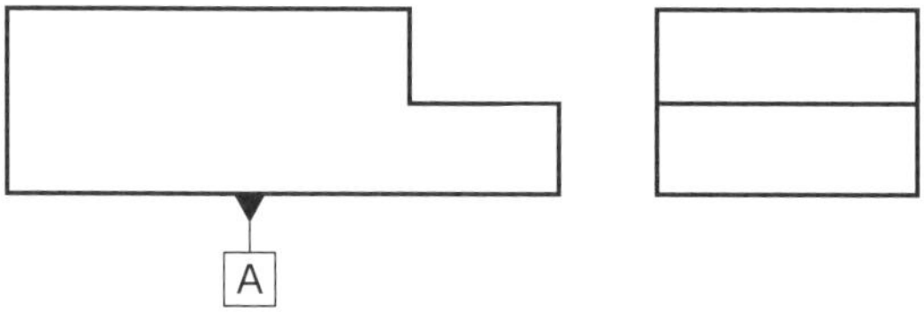

▲図3.2.9　データム平面指示例

データム中心平面の指示方法

- 2つの相対する平行平面の中心面をデータムと設定する場合
  寸法線の延長にデータム記号を付け、その延長線にデータム指示を行う（**図3.2.10**参照）。

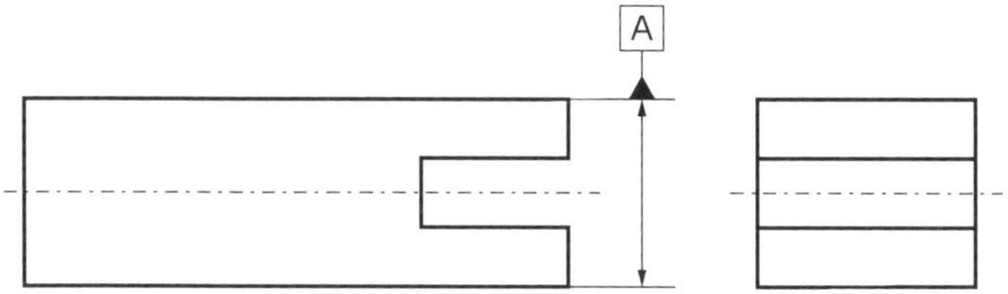

▲図3.2.10　データム中心平面指示例

3-2-5　形状公差

全ての形体は形状公差を持っている。形状公差は真直度、平面度、真円度、円筒度、線の輪郭度、面の輪郭度からなっている（**表3.2.2**参照）。

▼表3.2.2　形状公差とは

特性	記号
真直度	⏤
平面度	⏥
真円度	○
円筒度	⌭
線の輪郭度	⌒
面の輪郭度	⌓

ここでは、真直度、平行度、真円度、円筒度の指示の1例を以下に示す。

真直度の指示方法

- 外殻形体の表面に、塗りつぶしの丸または30°塗りつぶしの矢付き引き出し線を垂直に引き、その先に公差記入枠で指示する。**図3.2.11**は、真直度が間隔0.1mmの平行二直線間の公差域にあることを示している。

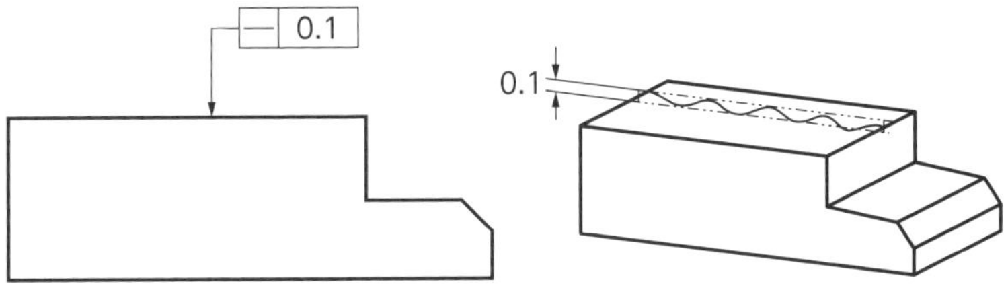

(a) 指示例　　(b) 公差域

▲**図3.2.11**　真直度の指示例と公差域

平面度の指示方法

- 外殻形体の表面に、塗りつぶしの丸または30°塗りつぶしの矢付き引き出し線を垂直に引き、その先に公差記入枠で指示する。**図3.2.12**は、平面度が間隔0.1mmの平行二平面間の公差域にあることを示している。

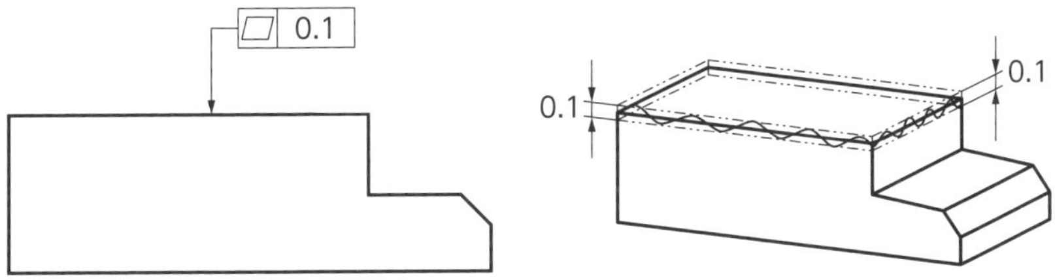

(a) 指示例　　(b) 公差域

▲**図3.2.12**　平面度の指示例と公差域

真円度の指示方法

- 外殻形体の表面に、塗りつぶしの丸または30°塗りつぶしの矢付き引き出し線を垂直に引き、その先に公差記入枠で指示する。**図3.2.13**は、円筒の指示した箇所の円の直径の大きさが0.1mmの公差域にあることを示している。

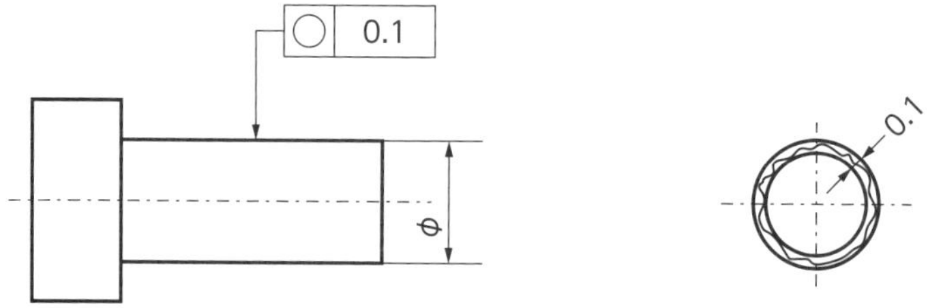

(a) 指示例　　(b) 公差域

▲図3.2.13　真円度の指示例と公差域

円筒度の指示方法

- 外殻形体の表面に、塗りつぶしの丸または30°塗りつぶしの矢付き引き出し線を垂直に引き、その先に公差記入枠で指示する。**図3.2.14**は、円筒が同軸の大小2つの円筒に囲まれた0.1mmの空間の公差域にあることを示している。

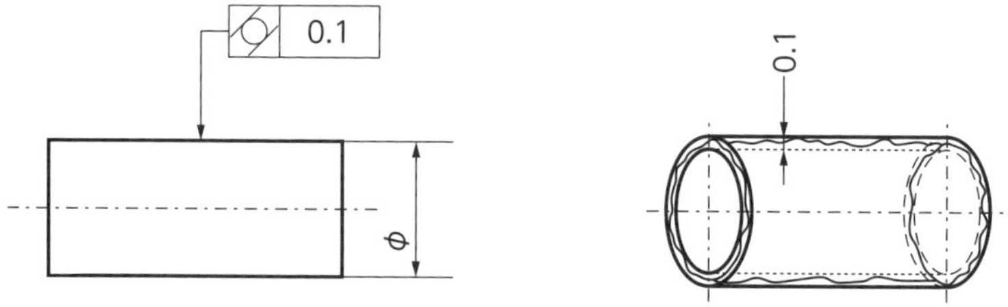

(a) 指示例　　(b) 公差域

▲図3.2.14　円筒度の指示例と公差域

3-2-6　位置度

● 寸法線の延長の外殻形体の表面に、塗りつぶしの丸または30°塗りつぶしの矢付き引き出し線を引き、その先に公差記入枠で指示する。**図3.2.15**は、球の中心の真の位置が、データムAからTED30、データムBからTED20、データムCからTED40とし、公差域の直径0.1mmの球の公差域にあることを示している。

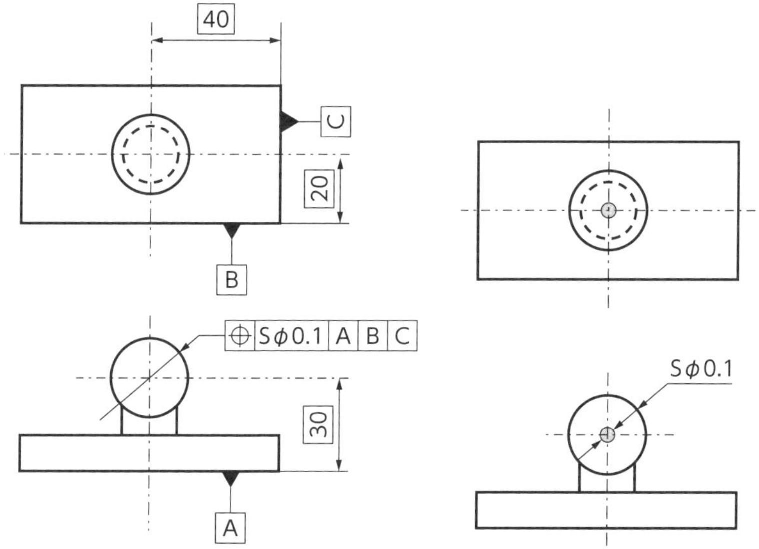

(a) 指示例　　(b) 公差域

▲**図3.2.15**　位置度の指示例と公差域

■3-2-7　面の輪郭度

● 面の限定した領域を輪郭度で指示する方法

面の限定したい領域の開始点と終了点を指示する。**図3.2.16**は、面の輪郭度がMからNまでの13個の連続した形体が、データムAに対し0.1mmの公差域にあることを示している。輪郭度には面の輪郭度と線の輪郭度があるが、面の輪郭度について図で示した例である。輪郭度は形状、位置、姿勢としても規制できる幾何公差である。

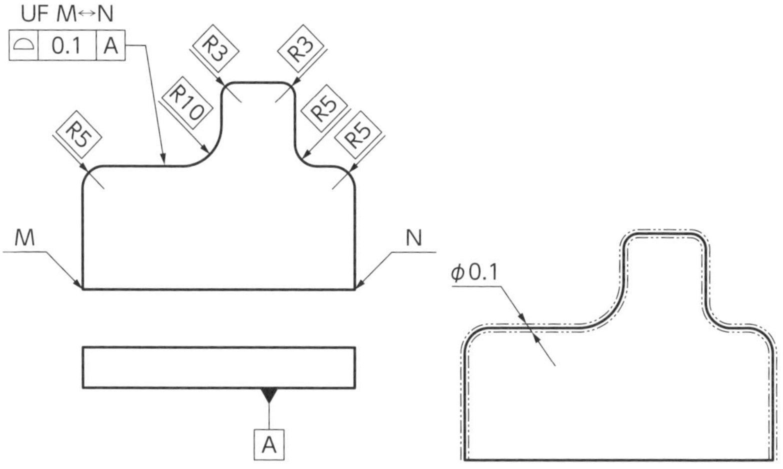

(a) 指示例　　(b) 公差域

▲**図3.2.16**　面の輪郭度の指示例と公差域

3-2-8　幾何公差の表示方法

- 幾何公差は、設計モデルの要求事項配置面に表示要求事項（本書3-1-4参照）として**図3.2.17**のように指示する。特に、設計モデルに複数の幾何公差を指示する場合は、解読が難しくならないようどの方向から見ても表示した幾何公差が重なり合わないように配置する必要がある。

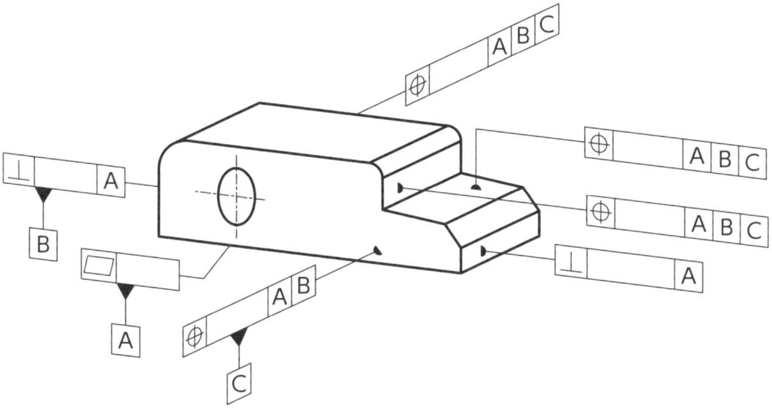

▲**図3.2.17**　幾何公差表示例

・設計モデルに幾何公差を個別に指示する場合

設計モデルに幾何公差を個別に指示する場合、**図3.2.18**(b)に示すように、TEDを省略することができる（**図3.2.18**参照）。

ただし、省略したTEDが十分に管理できている場合に限る。

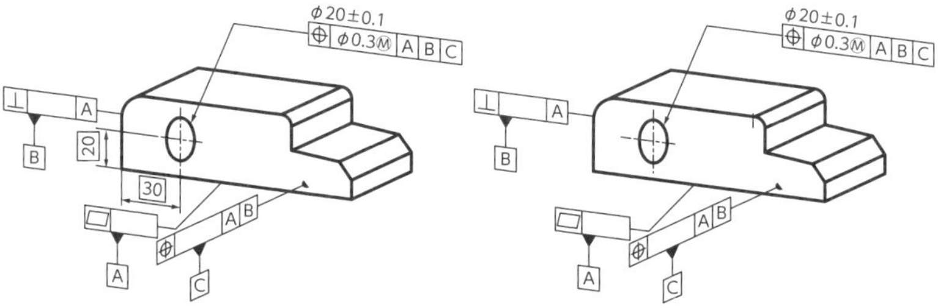

(a) TED の指示例　　(b) TED の寸法省略例

▲**図3.2.18**　TEDの省略指示例

・外殻形体の面に、公差記入枠の左右どちらかから引き出された黒丸付きの指示線と結び付けて指示する方法（図3.2.19参照）

この時、指示線先端の黒丸中心が指示位置になるため、黒丸半分は形体内に埋もれ、半円形にしか見えないことになる。

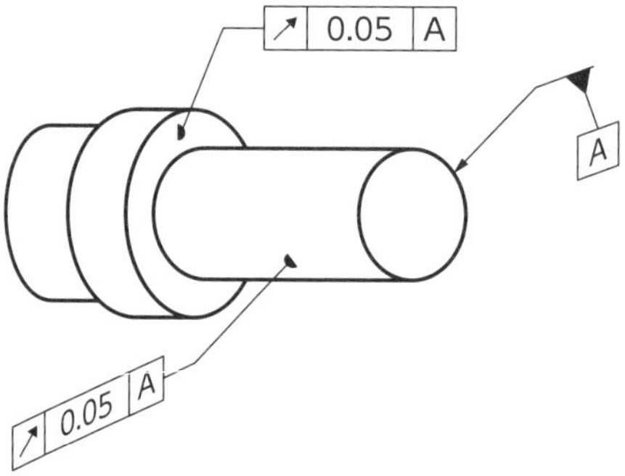

▲**図3.2.19**　外殻形体への指示例

・外殻形体の境界（エッジ）、補足幾何形状、延長線上に幾何公差を指示する方法（平面度、真円度の例）

補足幾何形状または延長線上に幾何公差を指示する場合は、寸法線の延長線上に指示しない。JIS B 0060-5では、公差記入枠の左右どちらかの端の中央より引き出した矢印付き指示線と関連付けて指示する（**図3.2.20**参照）としている。

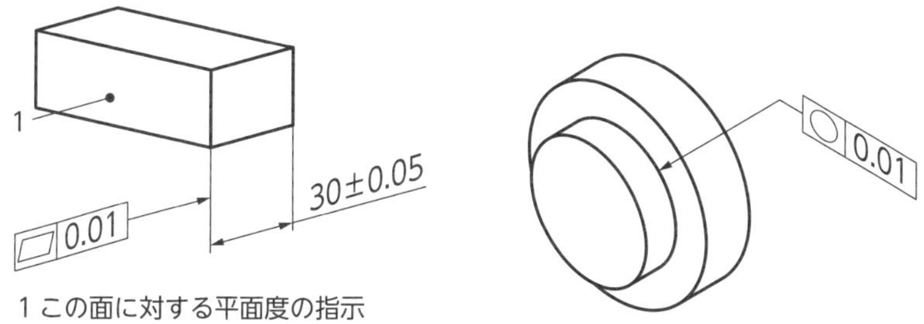

▲**図3.2.20**　外殻形体の境界、補足幾何形状または延長線上への指示例
（JIS B 0060-5、4.3.2の図8と図9より引用）

・誘導形体へ指示する方法（軸の真直度の例）

3D CADにより指示方法も異なるため、以下の2通りを紹介する。

①サイズ形体の寸法線の延長線上に、矢印付き指示線と公差記入枠を関連付けて指示する（**図3.2.21**参照）。

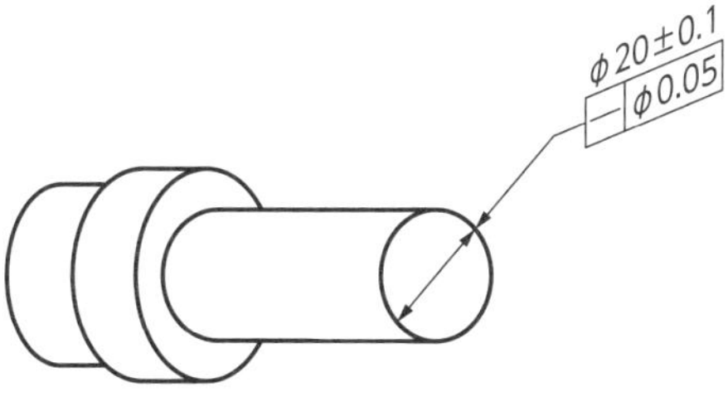

▲**図3.2.21**　誘導形体への指示例

②延長した寸法線の横にサイズ形体のサイズを記入し、サイズの下に公差記入枠と関連付けて指示する（**図3.2.22**参照）。

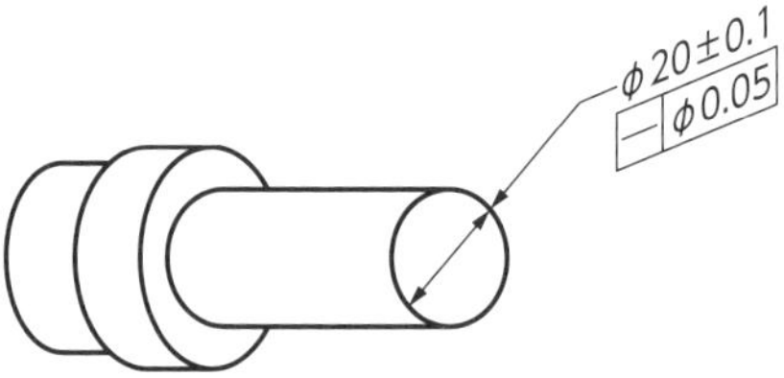

▲**図3.2.22**　サイズの下に公差記入枠を記入した誘導形体への指示例

・連続した幾つかの形体を限定した領域として指示する方法（面の輪郭度の例）

JIS B 0060-5では、「区間記号“⟷”と公差付き形体の始まりから終わりを表す文字記号（ラテン文字の大文字）とで指示する」と定義している（**図3.2.23**参照）。

公差記入枠の上か下のどちらかに区間記号で指示する。この時、公差付き形体（幾何公差を指示した形体）の開始点と終了点の位置は、引き出し線に文字記号（**図3.2.23**の例ではA、B）を付けて指示する。

公差付き形体の開始点、終了点が外殻形体の境界でない場合、境界を明確にするため、開始点と終了点の位置を細い実線の補足幾何形状で指示する。

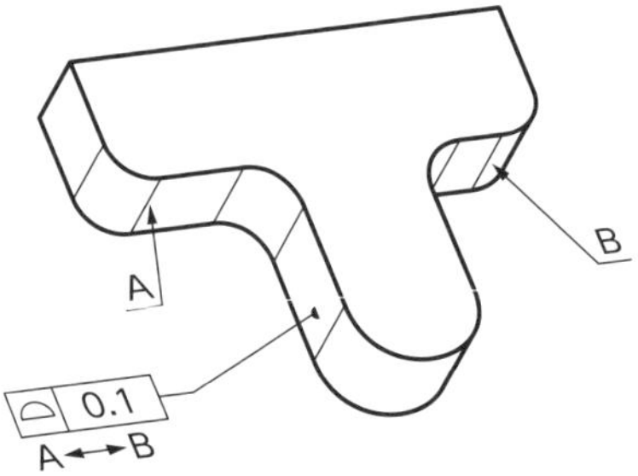

▲**図3.2.23**　区間記号による指示例（JIS B 0060-5、6.1の図23より引用）

・突出公差域を指示する方法

突出公差域の指示は、公差記入枠内に突出側に公差値、条件記号Ⓟ(Projected tolerance zoneの略)と突出長さの順番で指示する。**図3.2.24**は、公差値“φ 0.02”、条件記号“Ⓟ”、仮想の突出長さ“40”の例を示した例である。

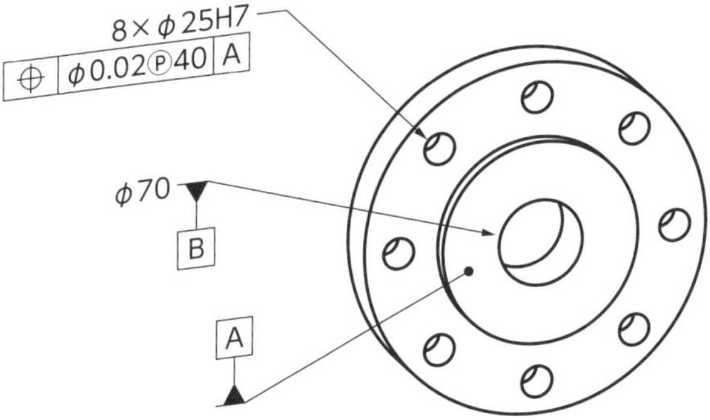

▲**図3.2.24**　突出公差域の指示例 (JIS B 0060-5、7の図25より引用)

・形体がサイズ形体（データム点、データム軸直線、データム中心平面）の場合のデータムの指示方法

寸法線の先にデータム記号を指示し、寸法線から延長した引き出し線に公差記入枠を指示する (**図3.2.25**参照)。

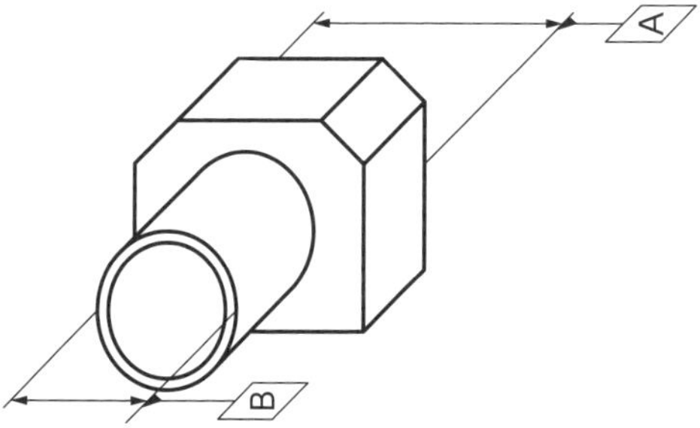

▲**図3.2.25**　サイズ形体の場合

・データム軸直線、データム中心平面を指示する方法

寸法線上または参照線上にデータム三角記号を指示し、延長した寸法線の横、引き出し線につないだ参照線の横にサイズ形体のサイズを記入する（**図3.2.26**参照）。

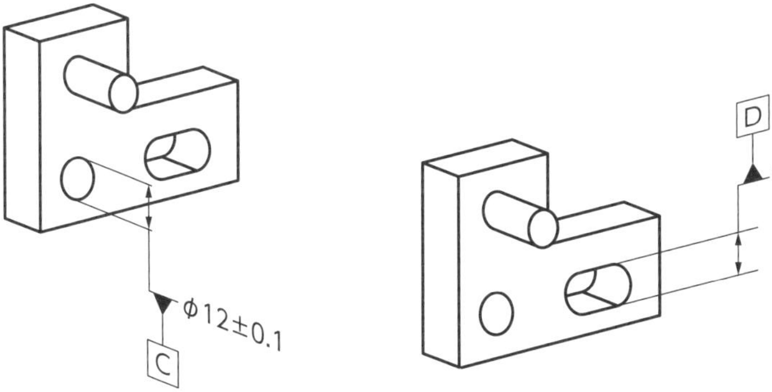

(a) データム軸直線　　(b) データム中心平面

▲**図3.2.26**　データム軸直線、データム中心平面の指示例
(JIS B 0060-5、5.1の図17より引用)

■3-2-9　データムターゲットの指示方法

・領域指示によるデータムターゲットの指示方法

設計モデルの表面に領域指示によるデータムターゲットの指示をする場合は、指示する領域を細い二点鎖線で囲みハッチング処理を行うか、細い実線で囲みハッチング処理を行う。指定した領域内から黒丸の引き出し線の延長にデータムターゲット記入枠と領域のデータムターゲット記号を関連付ける。**図3.2.27**は領域ϕ8mmの3カ所のデータムターゲットA1、A2、A3を指示している。

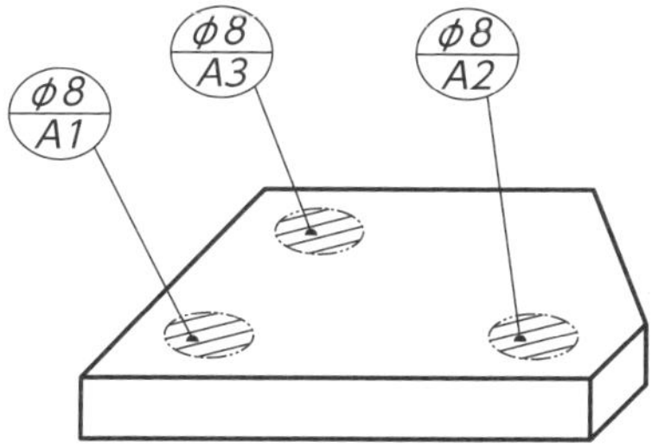

▲**図3.2.27**　領域指示によるデータムターゲット

・線によるデータムターゲットの指示方法

設計モデルの表面に線によるデータムターゲット指定をする場合は、設計モデル表面に矢印付きの引き出し線で結び付けて指示する。データムターゲットから引き出された矢付き引き出し線の延長にデータムターゲット記入枠と領域のデータムターゲット記号を関連付ける（**図3.2.28**参照）。また、実用データム形体の長さを指示する場合は、線のデータムターゲットの始点、終点に×印を付けて指示する。

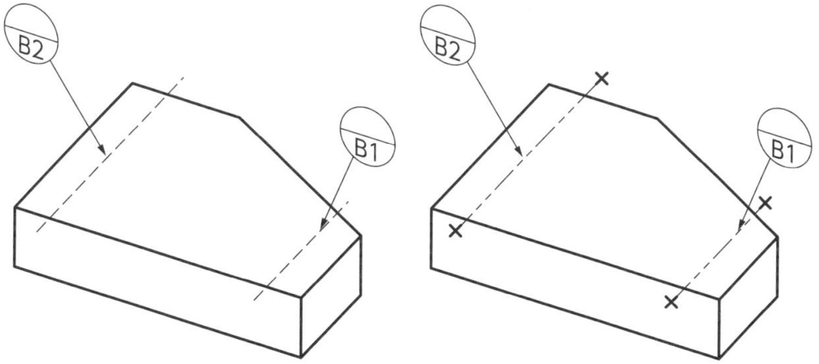

▲**図3.2.28**　線によるデータムターゲット

■3-2-10　公差記入枠

・公差記入枠を重ねて指示する場合

現時点では3D CADにより指示方法が異なるため、指示線を引き出す位置は下記3種類で指示してもよいとしている（**図3.2.29**参照）。

(a) は上の公差記入枠の中心から、(b) は上下の公差枠の境目から、(c) は下の公差記入枠の中心から。

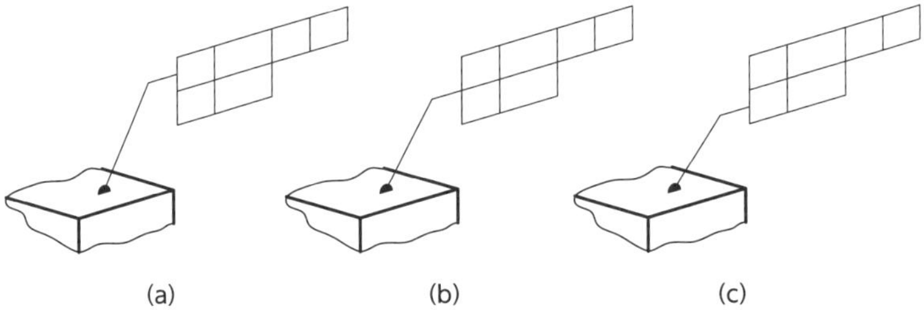

▲**図3.2.29**　公差記入枠の指示例

3-3 公差解析

設計者は部品加工精度、加工コストなどを考慮し、最適な公差指示を行わなければならない。各種解析ソフトも市販されていることもあり、特に精度の必要な箇所は公差解析などを行い、根拠ある公差設定を実施することを心がけて欲しい。設計業務に携わる設計者は、特に厳しい加工精度を要求する図面などは、関係部門の技術者になぜその精度が必要かを説明する機会が多く発生する。造ってみなければわからないといった根拠のない設計を行うのではなく、公差計算を行うことで設計意図を明確に説明することが重要である。近年解析ソフトも充実し、3次元解析も可能となり、公差値の信頼性も向上している。日頃から、的確な解析ソフトを使用する習慣をつけることも大切である。

産業界は量産部品を多く取り扱うということもあり、設計の初期段階での累積公差を求めるにあたり、公差を単純に足すことはせず、発生確率の低い部分を除外した統計的計算として、二乗和平方根を採用することが多い。以下、「ワーストケース」、「二乗和平方根」、「平均値±3σの計算（標準偏差の計算）」について解説する。

① ワーストケース（累積公差＝0.1＋0.1＋0.2＝0.4になる）

ワーストケースとは、公差の累積に影響する部品の形体の寸法・形状・姿勢・位置・はめあいにおける「がた」が、許される両端（上限、下限）のいずれかの値を取る算出方法である。その結果は単純に公差を足して求める方法で、累積公差が最大になる（**図3.3.1**参照）。

図3.3.1の例では、部品A、部品B、部品Cを挟み込む空間は、90±0.4mmが必要ということになる。

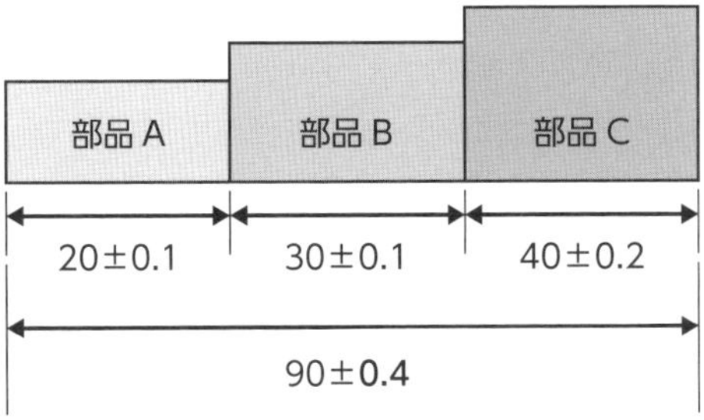

▲**図3.3.1**　ワーストケース例

② 二乗和平方根（$\sqrt{(0.1^2+0.1^2+0.2^2)}=\sqrt{0.06}=0.244948\cdots$になる）

図3.3.2は部品の形体の寸法・形状・姿勢・位置が、互いに独立で、それぞれが正規分布をもち、そこから無作為抽出されることを前提に成立する、公差の二乗の和の平方根により公差の累積を求める算出方法である。

特に量産部品などに適用される。

図3.3.2の例では、部品A、部品B、部品Cを挟み込む空間は、90 ± 0.24mmでよいことになる。

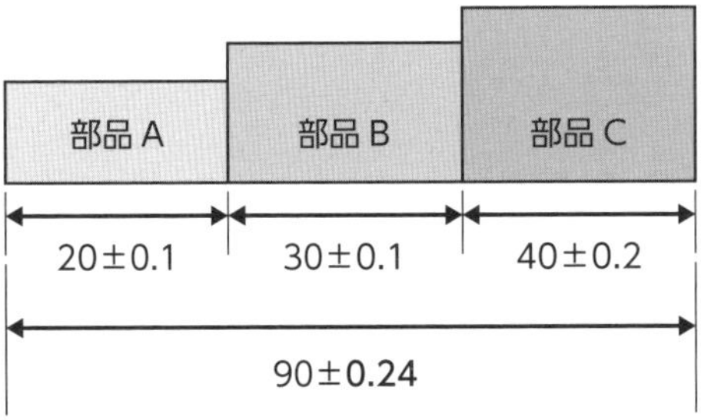

▲**図3.3.2**　二乗和平方根

3-4 標準偏差

① 標準偏差（平均値±3σの計算）

量産部品の場合、加工部品の全てが設計値に対し許容される範囲で加工されているとは限らない。加工工程での品質管理、加工能力などにより達成される部品の精度にばらつきが生じる。標準偏差は、加工された部品個々の許容差データのばらつきを数値化するための指標であり、加工部品全体の良品率を表す生産管理の指標として活用されている。平均値±3σの計算（標準偏差の計算）などで確認することができる。

以下に、正規分布の母集団を持つデータの平均値μ、標準偏差σ、分散σ^2を求める一般式を記載する。

母集団の大きさがnで母集団に含まれるi番目の値がx_iで表される場合、平均値μは以下によって定義できる。

$$\text{平均値}\quad \mu=\sum_{i=1}^{n}\frac{x_i}{n} \tag{3.1}$$

この時、データがどの程度平均値に対しばらついているかを分散σ^2として以下により定義できる。

$$\text{分散}\quad \sigma^2=\sum_{i=1}^{n}\frac{(x_i-\mu)^2}{n} \tag{3.2}$$

分散と同じようにデータがどの程度平均値に対しばらついているかは、分散の平方根の標準偏差σでも定義できる。

$$\text{標準偏差}\quad \sigma=\sqrt{\sum_{i=1}^{n}\frac{(x_i-\mu)^2}{n}} \tag{3.3}$$

一般的には、標準偏差の二乗の単位を持つ分散より、ばらつきとして同じ次元の方が感覚的にわかりやすいということで、標準偏差がよく使用される。

標準偏差σの2倍（$\pm\sigma$）は母集団の68.27%、4倍（$\pm 2\sigma$）は95.45%、6倍（$\pm 3\sigma$）は99.73%となっている（**図3.4.1**参照）。

一般的に、$\pm\sigma$より$\pm 3\sigma$で品質を管理する方が良品率が高いといえる。産業界では、ばらつきの度合いとして標準偏差σの6倍（$\pm 3\sigma$）を適用することが多い。

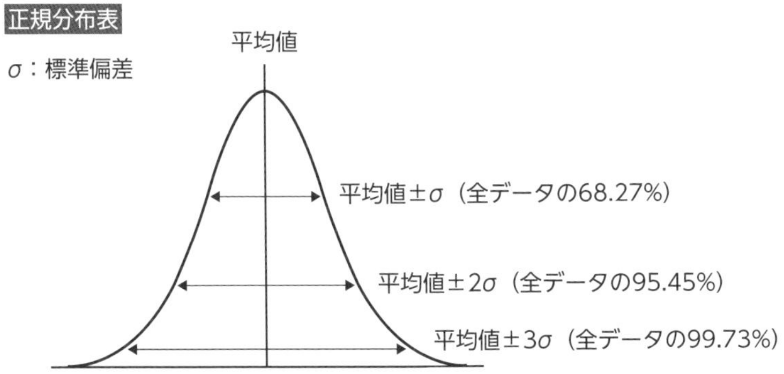

▲**図3.4.1**　正規分布

② 標準偏差σの6倍（$\pm 3\sigma$）の事例

量産部品の加工において、不良率をゼロにすることは難しい。設計者は、標準偏差を可能な限り大きくとれるよう、部品機能に求められる精度と、現場の加工機の加工精度のバランスを考慮した設計を行う必要がある。

部品機能に求められ設計精度を上げれば、当然加工が難しくなり、生産コストは上がる。設計者は、自分が設定した設計値でどのように生産されているか確認することも必要である。

【部品Aの事例】

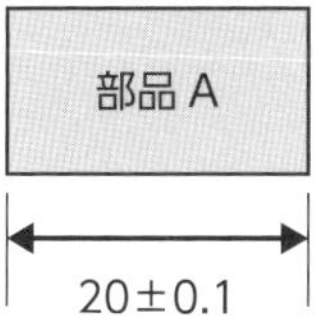

▲図3.4.2　部品A

下記は、部品A10個の量産時の抜き取り検査データ例である。

▼表3.4.1　部品Aの寸法20mmに対する部品10個のデータ　（単位：mm）：偏差の二乗以外

測定値	19.96	20.02	20.04	19.97	19.98	20.04	19.95	20.03	19.97	20.04
偏差	−0.04	0.02	0.04	−0.03	−0.02	0.04	−0.05	0.03	−0.03	0.04
偏差の二乗	0.0016	0.0004	0.0016	0.0009	0.0004	0.0016	0.0025	0.0009	0.0009	0.0016

表3.4.1の10個の部品データより、平均値（μ）、分散（σ^2）、標準偏差（σ）、平均値 − 3σ、平均値 + 3σは以下となり、標準偏差σの6倍（± 3σ）の時でも、設計値20 ± 0.1を満足する。

▼表3.4.2　部品Aの標準偏差等

寸法	公差	平均値μ	分散σ^2	標準偏差σ	$\mu-3\sigma$	$\mu+3\sigma$
20	±0.1	20	0.00124	0.0352	19.8944	20.1056

【部品Bの事例】

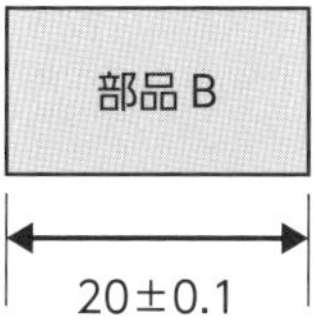

▲図3.4.3　部品B

下記は、部品B10個の量産時の抜き取り検査データ例である。

▼**表3.4.3**　部品Bの寸法20mmに対する部品10個のデータ　（単位：mm）：偏差の二乗以外

測定値	19.92	20.05	20.1	19.92	19.93	20.08	19.94	20.06	19.94	20.06
偏差	−0.08	0.05	0.1	−0.08	−0.07	0.08	−0.06	0.06	−0.06	0.06
偏差の二乗	0.0064	0.0025	0.01	0.0064	0.0049	0.0064	0.0036	0.0036	0.0036	0.0036

表3.4.3の10個の部品データより、平均値（μ）、分散（σ^2）、標準偏差（σ）、平均値－3σ、平均値＋3σは以下となり、標準偏差σの6倍（±3σ）の時は、設計値20±0.1を満足しない結果となり、良品の確立が99.73%を達成できない危険性がある。

▼**表3.4.4**　部品Bの標準偏差等

寸法	公差	平均値μ	分散σ^2	標準偏差σ	$\mu-2\sigma$	$\mu+2\sigma$	$\mu-3\sigma$	$\mu+3\sigma$
20	±0.1	20	0.0051	0.07141	19.8572	20.1428	19.7858	20.2142

第4章

製品設計

ここで設計の中でも特に製品設計を取り上げた理由は、世の中で使用されている「商品」と「製品」の違いを明確にする必要があると考えたからである。

一般的に、「製品」は文字通り製造された品物を示す言葉で、「商品」は売買を目的とした品物を表す言葉である。「商品」は「製品」を含む言葉でもあり、サービスなどのように工場で製造されないものも含むことになる。

この章で取り扱う設計は、工場で生産する「製品」を対象としている。

4-1 製品設計とは

4-1-1 各開発工程における製品設計

製品設計者は、製品化に向け製品企画から設計、生産、出荷に至る課題（開発、生産、販売部門の調整）を解決し、市場の要求に応えられる製品を提供しなければならない。

電機・精密機器業界における製品化に向けた開発部門の一般的な取り組みは、企画／構想から量産まで、**表4.1.1**に示された開発工程で進められている。各工程における課題を全て解決し、着実に次の工程へ進められるよう十分な検討を行わなければならない。効率的な開発を実施していくためには、後戻りをしない開発を進めることが基本となっている。次の工程に進めるためにも、関係部門による移行審議を実施することになっている。

▼**表4.1.1**　主な開発工程例

開発工程	内容
企画／構想	市場性、差別化、法規制、収益性、日程の明確化
要素検討	技術的に難しい機能の検討
機能検討	製品全体機能を実現するためにキーとなる技術の確立
製品機能検討	製品全体機能の確立
製品検討	生産性も含め製品として全ての機能を確立
量産検討	量産工程における問題を解決し量産体制を確立
量産	量産への判断の実施

(1) 企画／構想

製品開発は、企画、開発、生産、管理、販売、物流、サービス、品質部門の意見も参考に、最初に検討しなければならない工程として位置付けられている。この工程で、市場性、差別化などを検討の上、開発する製品の製品規格、ユニット規格、部品規格などを作成する。

市場性：今後市場に投入する製品にどのような市場ニーズが求められているか、市販製品への要求、クレームなども含めて検討する。

差別化：自社市販製品、競合他社製品などに比べ、売れる製品としてどのような特徴を市場ニーズとして提供できるかを検討する。

法規制：本書「2-3-1 主な国際規格調査」でも記載したとおり、開発する製品をどの地域で製造・販売するか、法規制への対応を世界規模で調査／検討する。

収益性：開発費（設計、試作）、材料費、加工／組立費、経費などの製造原価と、営業活動費、保守費、広告宣伝費などの営業費を投資しても十分利益が得られる製品になるよう、各投資内容と販売価格を検討する。

日程の明確化：製品開発の初期段階で、各開発工程における企画／構想から量産までの大まかな日程を、企画部門、開発部門、試作部門、調達部門、生産部門等との間で決めておく。

製品規格：この規格は、製作する製品の性能および品質に関する特性を各社の管理水準で規定するものである。主に開発部門が作成し、開発、生産、管理、販売、物流、サービス、品質部門などが検討の上で決定する。

規定される内容としては、製品の適用範囲、外観、性能、操作性、耐久性・信頼性、安全規格、耐環境性、試験・測定方法、取り扱い上の注意点などがある。

ユニット規格：この規格は、製品を構成する各ユニットの性能および品質に関する特性を各社の管理水準で規定する。主に開発部門が作成し、開発、生産、管理、販売、物流、サービス、品質部門などが検討の上で決定する。

規定される規格内容は製品規格とほぼ同じ項目となる。

部品規格：この規格は、特に製品のキーパーツ（重要管理部品）として位置付けられる部品などに規定される。開発部門が作成し、開発、生産、管理、販売、物流、サービス、品質部門などが検討の上で決定する。

部品の性能および品質に関する特性は各社の管理水準で規定するもので、主に部品図に記載することが一般的である。

(2) 要素検討

要素検討は、開発する製品を設計、生産する上で特に技術的に難しい機能を検討する工程と位置付けられている。達成する目標値などはユニット規格、部品規格などで規程されており、この工程で検討した結果から、目標値を決定する。

特に、社内の既存製品、競合他社の製品との差別化を図る上で重要な機能は、事前に解決していなければならない。そのためにも、おおまかな概略設計も並行して実施しなければならない。

特に新技術の開発を必要とする時などは、本書「2-3-2 その他の調査」で解説した、設計する製品が他社の特許を侵害していないかどうかの特許調査と、設計する製品の新技術に関する特許出願の業務は、設計者にとって特に重要な業務となる。

(3) 機能検討

機能検討は、製品全体の機能を実現するために、キーとなる技術を確立する工程として位置付けられている。要素検討は一つの機能を実現することに重点を置いた検討といえるが、機能検討は製品全体を考慮した機能の検討になり、製品全体をどうまとめるか明確な方針の上で検討する必要がある。ユニット規格、部品規格などの目標値を基に、この工程で検討した結果から製品全体の機能の目標値を決定する。

生産する上での生産効率、ユーザが使用する上での操作性、生産コストとのバランスなどを考慮する必要がある。

そして当然、そのキーとなる機能は社内の既存製品や、競合他社の製品との差別化を図る上で重要な機能となるため、課題の解決と特許出願の対応が特に必要とされる。

(4) 製品機能検討

製品機能検討は、製品全体の機能を確立する工程として位置付けられている。この工程では市場に出す製品として、製品にかかわるすべての設計部門（メカ、電気、ソフト、化学、光学等）が、製品規格、ユニット規格を基に、当初計画した機能を達成しているかどうかを総合的に確認、決定する工程になる。達成する製品機能の目標値はこの工程で検討した結果から製品規格として定義される。

(5) 製品検討

製品検討は、生産性も含め製品としてすべての機能を確立する工程として位置付けられている。この工程では主に生産する上での課題を検討・解決する。「(1) 企画／構想」工程で検討した生産地、生産工場の生産能力を最大限に活用することで、製品規格として規定した機能、品質が達成できるよう主に生産性を中心に検討する。製品として市場に出すためのすべての課題を解決し、製作する製品の性能および品質に関する特性を最終的に検討・確認する工程といえる。

(6) 量産検討

量産検討は、量産工程における問題を解決し、量産体制を確立する工程として位置付けられている。この工程では生産する上での課題、特に「(1) 企画／構想」工程で検討した量産する上での収益性を中心に検討する。

世界のどこで生産するのが適正か、生産工場の規模・体制は、材料・部品の調達など、市場ニーズにマッチした価格で販売できるよう、生産地、生産工場の生産能力を最大限に活用できるよう検討する。現地生産の対応は製品規格に大きく影響する。生産地で対応できる部品の形状や材料を関係部門との調整の上変更することもある。

(7) 量産

量産は、開発・設計部門が主体に検討してきた製品化を生産部門に引き継ぎ、実際に製品が工場で生産される工程になる。

開発・設計、管理、販売、物流、サービス、品質部門などと検討の上、最終的には生産部門が生産を決定する。

4-2 設計者の役割

既に説明してきたように、設計者は図面を作れば終わりという訳ではない。設計者は常に下記①～⑤を心掛け、製品としてつくれる仕様（設計図書）や設計図・設計書などを作る責任がある。

① 世の中の状況を調査・分析する。
② 専門とする最新技術についての知識を深める。
③ 製品に関する先行特許への対応と新技術に関する特許出願。
④ 市場からの要求にタイムリーに製品を提供する。
⑤ 関連部門との連携を密にし、今の会社の状況を把握する。

特に我々が扱う製品は新しい市場も含め、グローバルな市場への展開を考慮する必要があり、海外の法規制、輸出規制、環境対応など設計者の責任は特に重要になってきている。

製品設計とは、市場から要求される機能を実現するために、製品がつくれる仕様（設計図書）や設計図・設計書などを開発企画、開発計画の段階から作成しなければならない。

- お互い異なる専門技術分野の設計者が協業することにより、初めて製品がつくりあげられる。
  例：製品設計はメカ設計者、電気設計者、光学設計者、ソフトウェア（以下ソフトという）設計者、化成品設計者などの協業により行われている。
- 各企業の技術力／特徴を活かし、魅力ある設計仕様、製品設計を行うことが、各企業の競争力になっている。
- 製品の設計仕様は、メカ・電気など異なる専門技術分野の設計仕様が関連を持っている。

例：メカ設計仕様、電気設計仕様、光学設計仕様、ソフト設計仕様、化成品設計仕様が関係をもった設計仕様となっている。製品全体の設計仕様の関係を以下**図 4.2.1** に示す。

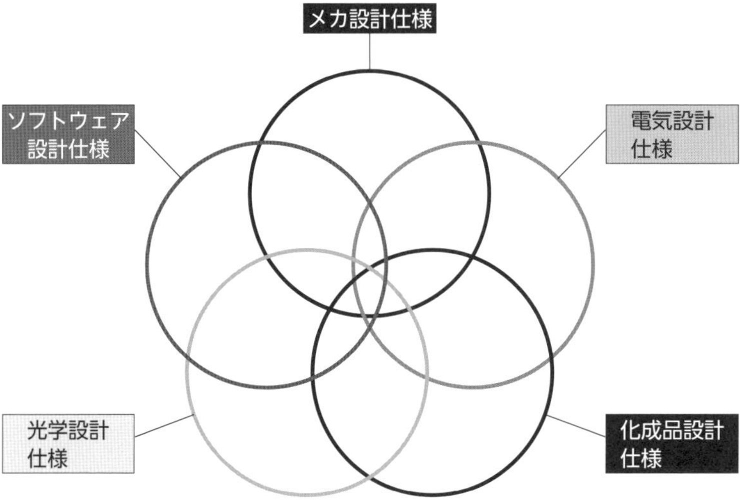

▲**図 4.2.1**　設計仕様の関係

電機・精密機器業界が取扱っている製品は、メカ部品だけで構成されている例は少ないといえる。電気部品、光学部品、ソフト、化成品などが含まれている。その部品一つ一つは設計仕様を基に図面化され、さらにその図面を基に部品がつくられ、製品として組み立てられている。お互いの設計仕様が複雑に関連し合い、補足し合って製品ができあがっている。

設計者はお互いの技術を持ち寄ることで製品を造り上げることになるが、他の技術領域を知ることで、より魅力的な製品化を実現できる。

4-3 設計フロー

工場で製品を生産する前の過程、企画／構想から製品検討までの設計フローにおいて、各専門技術を担当する設計部門がお互いに協力し、各工程で設定した検討課題を一つ一つすべて解決していく。

企画／構想から製品検討まで各設計部門が協業する設計フローを**図4.3.1**に示す。

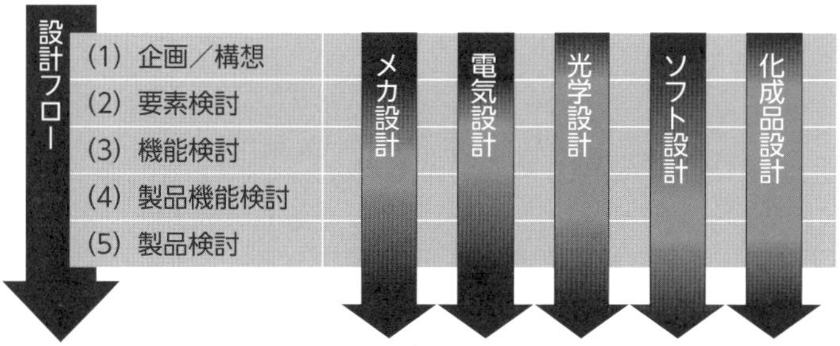

▲**図4.3.1** 設計フロー

製品設計者は、異なる技術分野の設計者と、企画・構想段階から製品が完成するまで、本書「4-1-1 各開発工程における製品設計」で説明した各工程で設定した設計課題に対し、協業のもと一つ一つ矛盾のない対応を実施していかなければならない。そのためには、設計を開始する前に各設計部門間の仕様を十分検討しておく必要がある。

各担当部門で設計変更が生じた場合などは、設計変更を行なわなければならない理由と設計内容を関連部門へ説明すると共に、早急な解決策の協議と対応を行う必要がある。そうすることが、設計を完了するまで協業を行っている設計者同士の信頼関係を維持する上で重要である。

4-4 メカ設計者の役割

4-4-1　電機、精密機器業界における メカ設計の役割

製品設計は、専門技術分野の異なる設計者がお互いに協力することで初めて製品全体の設計が完成する。メカ、電気、光学、化成、ソフトなどの関連部門が協業のもと、一つの製品を設計する。最近は電機・精密機器業界が扱う製品においても特にソフトの占める領域が多くなってきているが、形としての製品化はメカ設計が仕様を決め、製品全体の形状を決めなければならない。メカ設計者としては、製品全体の設計仕様をまとめていく上でも、電気、光学、化成、ソフトの設計仕様を理解できるよう、異なる技術分野の基本的な知識も理解しておく必要がある。

4-4-2　製品構成

製品構成は、製品に要求されるいろいろな機能を実現するためにメカ、電気、光学、化成のように目に見える形のあるものと、ソフトのように形が見えにくいもので構成されている。

製品を構成するものをより細かく分解していくと、最終的には一つ一つのメカ部品、電気部品にまで分解することができる。この一つ一つのメカ部品、電気部品を組み合わせることで、**図4.4.1**に示す製品の最小機能を実現するユニットを構成する。このユニットと部品、またはユニットとユニットを組み合わせることで、さらに大きな機能を実現する親ユニットが構成される。電機、事務機、精密機器業界の代表的な構成は、製品の下に子ユニット、その下に孫ユニット、その下に個々部品で構成されている。主な製品例としては、一般的にカメラで数百個、複写機で数千個、半導体露光機で数万個の部品で構成されている。

設計、加工、組立作業は部品単位で取り扱うよりはユニット単位で分担す

ることが一般的である。各ユニットは、ユニット機能を明確にするためにユニット規格を作成しなければならない。

製品規模にもよるが、ユニットには、①百部品以下で構成される孫ユニット、②メカ、電気などの各設計チームで扱う数十の孫ユニットで構成される子ユニット、③全ての設計者が扱う数十の子ユニットで構成される親ユニットで構成されている（**図4.4.1**参照）。

製品設計を担当するメカ設計者は、数十点のメカ部品で構成されるユニットの設計を、同時に複数ユニット担当することが一般的である。技術分野が異なるユニットであっても、一つの機能を実現するためにはユニット相互の関係は非常に重要である。製品設計者は、製品全体の機能を実現するためには自分の担当するユニット規格だけではなく、関連するユニット規格への配慮も必要である。

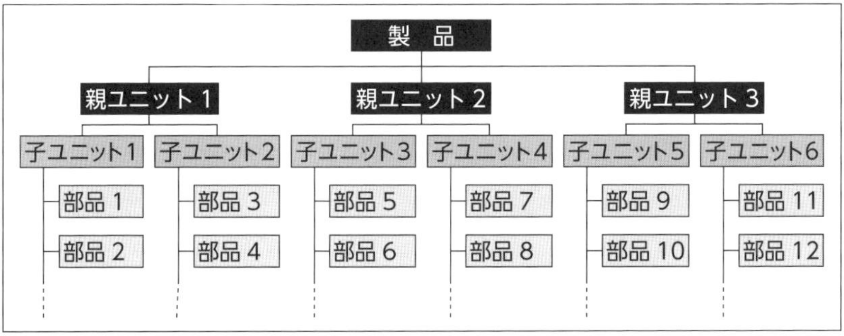

▲**図4.4.1**　製品構成

4-5 メカ設計における設計手順

製品設計を行う上で、いきなり詳細な設計を行うことは難しい。設計者は、設計する製品全体像を把握したうえで、決められた設計仕様を実現するためのキーとなる項目をどのような機構、構造で実現するか大まかな構想を行った上で、順次詳細設計へと移行していく必要がある。一般的に設計手順は構想設計、基本設計、詳細設計へと順次設計を進めていく。

本書「4-3 設計フロー」における要素検討、機能検討、製品機能検討、製品検討それぞれの工程を完了するために、それぞれの検討の中で構想設計、基本設計、詳細設計が実施される（**図4.5.1**参照）

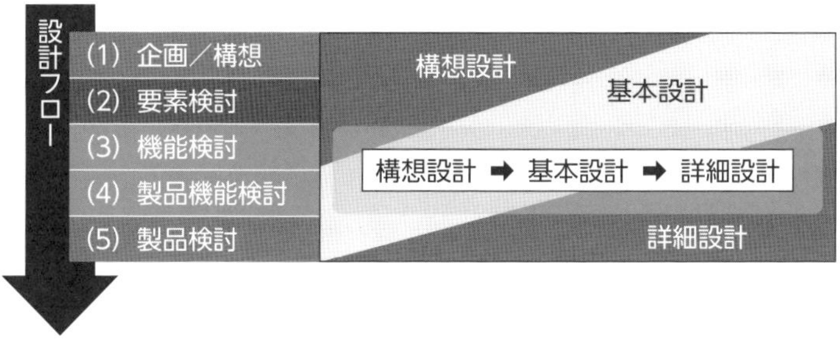

▲**図4.5.1**　設計フロー

(1) 構想設計

構想設計は、製品に要求される仕様をどのように具現化していくかを検討するプロセスで、関連部門（電気、光学、化成、ソフトなど）との間で製品仕様から個々の技術領域に仕様を落とし込む工程である。

協業領域、責任をもって担当する個々領域など、各分野の役割を明確にする必要がある。そのためには、最初から詳細な設計にこだわるのではなく、製品全体を大きくとらえた設計検討を行う必要がある。

(2) 基本設計

基本設計は、関連部門との間で個々の技術領域に関する最終設計の確認を行う工程で、メカ設計者間においても製品、ユニット、部品の規格と相互のレイアウトおよび部品の主な設計仕様を確認する工程である。

設計のポイントとして以下を検討する。

性能、操作性、信頼性、安全規格、対環境性、経済性など。

(3) 詳細設計

詳細設計は、個々のユニット、部品を製作するための最終仕様と最終図面を作成する工程である（設計モデルに設計基準、幾何公差などを定義する）。

設計のポイントとして以下を検討する。

設計仕様、生産性（加工、組立）、コスト、操作性、信頼性、安全性、耐環境性など。

第5章

モールド部品

モールド部品設計は大学ではあまり教えられていない設計領域となっているが、産業界の設計者としては必須の設計領域といえる。どの設計領域でも共通して言えるが、設計者は設計する部品がどのようにしてつくられるか、加工技術についても知っておく必要がある。

この章ではモールド部品設計技術と加工技術について解説する。

5-1 モールド部品とは

(1) モールド部品の特徴

① **図5.1.1**に示すように、電機、事務機業界の製品を構成しているメカ部品数の内、約30%をモールド部品が占めている。

電機、事務機業界の主な製品は、板金部品（50%）、モールド部品（30%）、切削部品（15%）、鋳物《いもの》部品（5%）の構成比率となっている。

② 金型による射出成形《しゃしゅつせいけい》部品である。

③ 複雑な形状を1部品にできる。

④ 薄肉で軽量。

⑤ 材料に着色ができる。

⑥ 量産部品として適用されている。

⑤ 主に外装部品として設計されている。

▲**図5.1.1**　モールド部品事例（キヤノン株式会社 ホームページより引用）

(2) モールド部品として求められる機能

① 内部部品の保護。

② 商品価値を高める外観デザイン表現。

③ 安全で取り扱い易い形状と設置時の安定性。

④ 内部構造物から発せられる障害（騒音、ノイズ、迷光など）からの保護。

⑤ 障害対策として、内部からの発煙発火に対し、外装部品で外部延焼を食い止めるようなことも求められている。

5-2 モールド部品に使われる用語

モールド設計を始める前に、まずモールド部品を設計、製作する上で使用される基本的な専門用語について説明する。

▼表5.2.1　モールド成形用語例

射出成形	パーティングライン	成形樹脂材料
金型	ゲート	難燃性（なんねんせい）
キャビティ	ランナー	耐候性（たいこうせい）
コア	スプール	耐薬品性

5-2-1　射出成形

射出成形とは、熱《ねつ》可《か》塑《そ》性《せい》成形樹脂材料を軟化する温度に加熱し、溶けた成形樹脂材料に射出圧を加え、射出シリンダーより金型の隙間に充填《じゅうてん》することで成形する加工方法（**図5.2.1**）のことをいう。電気製品などの外装部品の多くはこの射出成形によりつくられている。

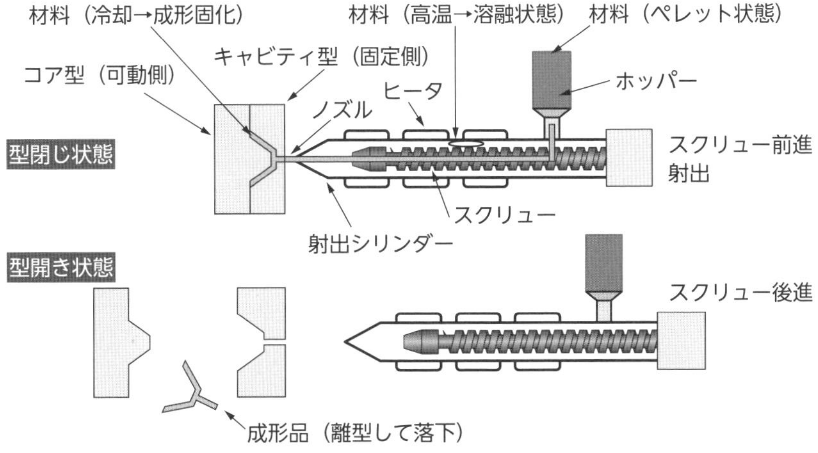

▲**図5.2.1**　射出成形の例

5-2-2　金型

金型には主にプレス金型と射出成形金型があるが、ここでいう金型は工業製品のうちモールド部品を射出成形などにより製造するための型（**図5.2.2**）のことをいう。射出成形金型は加工工具の一種とも見られるが、工具が集団的にシステム化し、特定の部材成形に特化している点に一般的な加工工具と大きな違いがある。金型設計にはスプールの位置と形状、ゲートの位置と種類、製品形状を形成する金型空間の設定、金型の型割り、冷却方法などを総合的に考えて設計する必要がある。また金型設計者は、製品設計を満足できるよう成形後の収縮・変形を考慮した金型設計を行わなければならない。

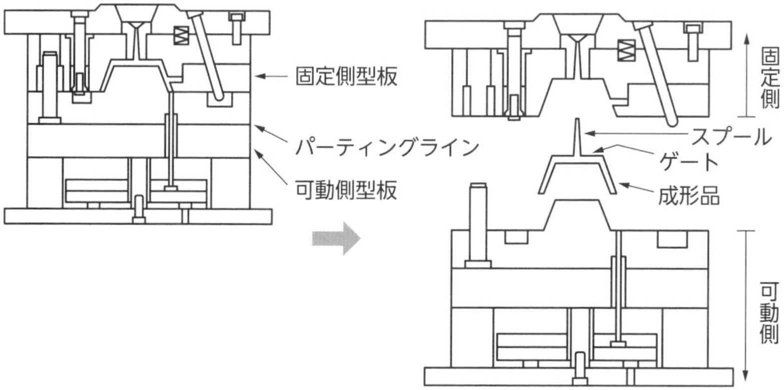

▲**図5.2.2**　金型の例

5-2-3　キャビティ

キャビティとは、射出成形機で成形樹脂材料を充填する空間をつくる金型の一部であり、射出成形機に接続されている固定側（雌型、凹型）の金型のことを言う（**図5.2.3**参照）。

5-2-4　コア

コアとは、射出成形機で成形樹脂材料を充填する空間をつくる金型の一部であり、キャビティと対になっている可動側（雄型、凸型）の金型を言う（**図5.2.3**参照）。

5-2-5　パーティングライン（PL）

パーティングライン（パーティングフェイスとも言う）とは、キャビティとコアの金型を分割する分割線、分割面のことを言う（**図5.2.3**参照）。成形品に筋とかバリが発生しやすいため、成形樹脂がパーティングラインに流れこまないよう注意が必要である。パーティグラインは最終的には金型構造などを考慮し、金型設計者と製品設計者で決めることになるが、製品設計者側が図面指示することを勧める。

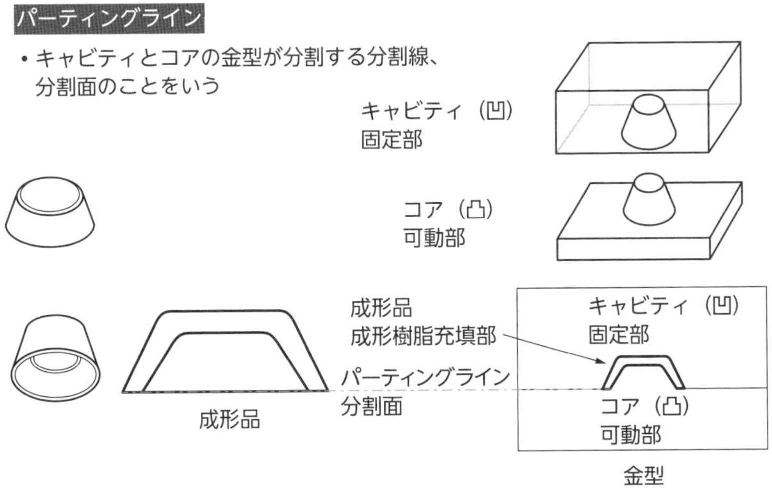

▲**図5.2.3**　パーティングライン

■5-2-6　ゲート

　ゲートとは、溶融樹脂をキャビティへ充填する時の方向付けを行うもので、射出機への逆流を防ぐ機能を持っている。成型品への入り口が細い程製品との分離後の表面がきれいになるが、金型空間への樹脂充填が難しくなる。成形樹脂材料の種類、成形品の大きさなどによりいろいろなゲートを使用する。**図5.2.4**に代表的なゲートの例を示す。

〔サイドゲート〕

　サイドゲートとは、一般的なゲートで、パーティングラインから横方向に伸び、製品のエッジラインにゲートが設定されるため、ゲートの痕跡《こんせき》が目立たないという特徴がある。

〔サブマリンゲート／トンネルゲート〕

　サブマリンゲート／トンネルゲートとは、パーティングラインの開閉時に、ゲートと製品を自動切断する構図を持つという特徴がある。

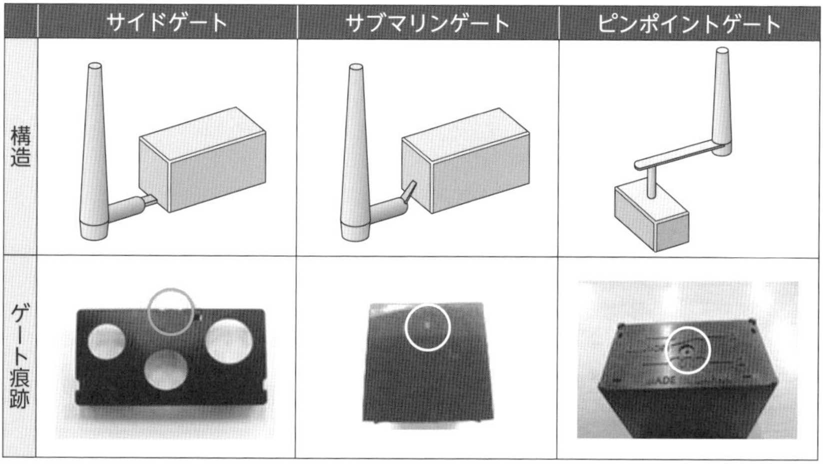

▲**図5.2.4**　ゲートの種類の例

〔ピンポイントゲート〕

ピンポイントゲートは、小さな形状で製品面にゲートを設定するため、ゲートの痕跡が目立たないという特徴を持っている。ただし、成形樹脂材料が流れ込む開口部が小さく、金型空間の末端まで成形樹脂材料が充填されにくいため、注意が必要である。

5-2-7　スプール

スプールとは、射出成形機のノズルからランナーまでの溶融樹脂の通路のことを言う（**図5.2.5**参照）。

5-2-8　ランナー

ランナーとは、成形品を多数個取りする時の、スプールからゲートまでの溶融樹脂の通路のことを言う（**図5.2.5**参照）。

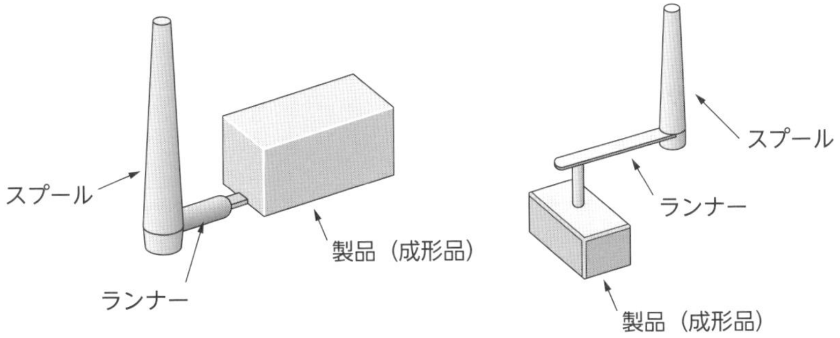

▲**図5.2.5**　スプール、ランナーの例

5-2-9　エジェクタ

エジェクタとは、金型内で成形品が作られた後、金型から成型品をとり出すための突き出しのことを言う（**図5.2.6**参照）。金型からエジェクタピンで製品を押すことで、図（図中下の写真）の丸で囲った部分に白濁の突き出し跡が残る。

成形品に突き出し跡が残るため、突き出し位置は製品の表側など見える箇所には設定しない。突き出し位置は製品の品質に関係することもあり、設計者が事前に突き出してもよい領域と、突き出してはいけない領域を指示する必要がある。

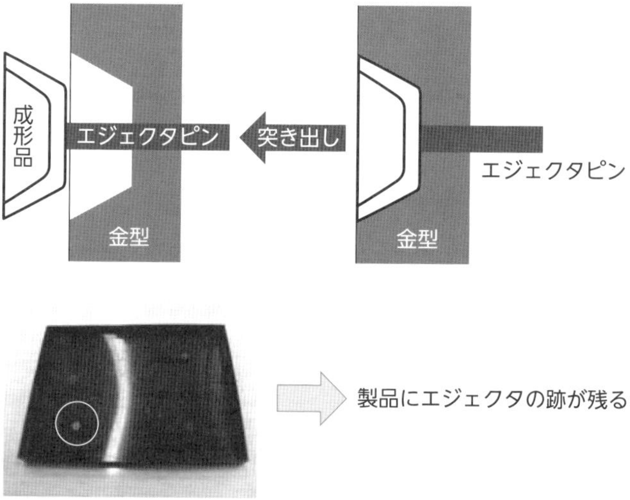

▲**図5.2.6**　エジェクタの例

5-2-10 抜き勾配

抜き勾配とは、金型から成形品を取り出す際、無理なく取り出せるように型開き方向に設ける勾配《こうばい》のことを言う（**図5.2.7**参照）。

一般的な勾配は0.5°から1°に設定するが、金型と接する面にシボなどの処理が行われている場合は、金型と成形品との分離抵抗が大きくなるため3°以上に設定する。

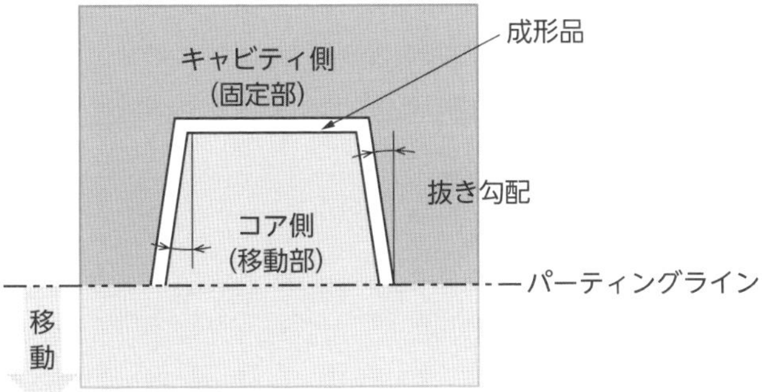

▲**図5.2.7** 抜き勾配

5-3 成形樹脂材料

部品に使用する材料の指示は設計行為の一つである。金属材料などは、同じ鉄でも用途により常用記号（SPCC）だけでなく、調質や仕上げまで材料指定が行える常用材料（SSPC-2B）で材料指定を行わなければならない。

成形樹脂材料についても同様で、設計者は詳細な材料特性まで図面指示できるよう、成形樹脂材料の知識が必要となる。大学ではモールド部品の設計があまり実施されていないこともあり、参考までに産業界で使用している成形樹脂材料について次ページに解説する。

■ 5-3-1 成形樹脂材料の種類

成形樹脂材料（**図5.3.1**参照、p.97）には熱硬化性樹脂と熱可塑性樹脂があり、以下のような特性をもっている。

①熱硬化性樹脂

・加熱すると固くなる性質を持つ。

・一度固化したものは加熱しても軟化しない。

・耐熱性、耐薬品性に優れている。

・触媒と混合し、金型の中で重合反応をさせて成形する。

②熱可塑性樹脂（一般的なモールド部品に使用）

・加熱すると軟化し、冷やすと硬化する。

・一度成形した材料でも再利用できる。

・家電、精密機器に使用されている。

・射出成形により成形。

射出成形で使用する成形樹脂材料は熱可塑性樹脂であり、結晶性樹脂、非結晶性樹脂、アロイの3種類に分類できる。

❶ 結晶性樹脂の特徴

・PE（ポリエチレン）、PP（ポリプロピレン）などの廉価な材料。

・POM（ポリアセタール）、PA（ポリアミド）、PET（ポリエチレンテレフタレート）、PBT（ポリブチレンテレフタレート）、PPS（ポリフェニレンスルフイド）、LCP（液晶ポリマー）などの耐熱、強度、耐油、耐薬品性、摺動性《しゅうどうせい》に優れている材料。

❷ 非結晶性樹脂の特徴

・汎用性プラスチックとして、PVC（ポリ塩化ビニル）、PS（ポリスチレン）、AS（アクリルニトリルスチレン）、ABS（アクリロニトリルブタジエンスチレン）、PMMA（ポリメチルメタクリレート）などの廉価、寸法安定性で透明性がある材料。ただし、耐油性が悪い。

・エンジニアリングプラスチックとして、PC（ポリカーボネート）、PES（ポリエーテルスルホン）、PPE（ポリフェニレンエーテル）、PEI（ポリエーテルイミド）、PI（ポリイミド）などの寸法安定性、寸法精度、透明性、安定性に優れている材料。

❸ アロイの特徴

・アロイは耐熱性、強度を上げるため、複数の材料を混合した材料。
PC + ABS、PC + PS、AP + PP、PC + PET、PPE + PSなどの材料。

以下電機・事務機業界の製品によく使用する成形樹脂材料の代表的な特徴を示す。

<u>**ABS　アクリロニトリルブタジエンスチレン**</u>

長所：高剛性、引張強度、耐熱性、耐摩耗性、耐薬品性、寸法安定性、電気的特性に優れている、印刷・メッキ・溶接・溶着が容易。

短所：燃える、耐候性に劣る。

用途：テレビの構成部品、ノートパソコン、冷蔵庫の内装部品、エアコンの構成部品、車両内装部品、トランク、スキー板、ゴルフクラブ、楽器ケース、スーツケース、キャリーバッグ、ヘルメット、電卓、3Dプリンターの材料。

PMMA　ポリメチルメタクリレート（ポリメタクリル酸メチル）

長所：透明性、光沢性、低収縮率、耐候性、成形性に優れている、ヒケが少ない。

短所：耐衝撃性が低い、燃え易い、耐摩擦性が低い。

用途：レンズ、光ファイバー、ファインダー、風防ガラス、医療用品、看板、照明用、ディスプレー、装飾品など。

PET　ポリエチレンテレフタレート

長所：耐寒性、透明性、摺動特性、機械特性、電気的特性に優れている。

短所：衝撃に弱い。耐熱性、耐薬品性が低い。透過性。

用途：ペットボトル、写真フィルム、透明包装容器、薬品・化粧品容器、3Dプリンターの材料など。

PC　ポリカーボネート

長所：高剛性、耐衝撃性、透明性、寸法安定性、耐熱性に優れている。軽量。

短所：耐薬品性、高温高湿に弱い。

用途：照明レンズ、眼鏡レンズ、スマートフォンの筐体、電気電子機器、CD・DVD等の光学ディスク、医療機器、パーテーション壁、カーポート・テラス屋根、防弾ガラス、ヘルメット、スーツケースなど。

PC ABS　ポリカ／エービーエスアロイ

・アロイ樹脂として、PCとABSの両方の特長を備えている。

長所：耐熱性、耐衝撃性、耐薬品性、電気的特性に優れている。溶接・溶着が容易、軽量。

短所：耐候性に劣る。

用途：家電製品の外装、事務機製品の外装、精密機械製品の外装、車両内装部品、運道具、トレー、ヘルメット、照明器具、家庭用品など。

POM　ポリアセタール

長所：自己潤滑性、高剛性、耐摩耗性に優れている。

短所：耐候性に劣る、酸性に弱い、難燃性が低い。

用途：時計歯車、軸受け、CDドライブユニット、ドアミラー用ウォーム歯車など。

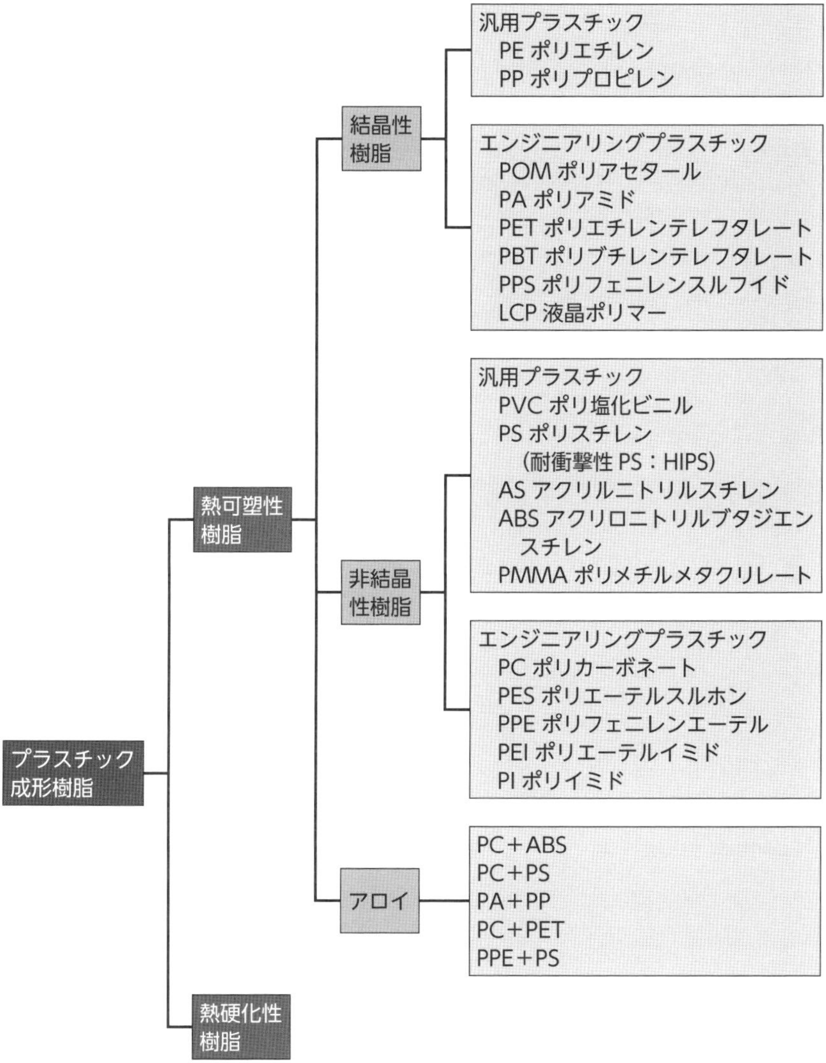

▲**図5.3.1**　主な成形樹脂材料の分類

▼**表5.3.1**　物性比較データ（サイコロイCH6310、C6300、CY6414の物性比較データ）（SABICイノベーティブプラスチックスジャパン合同会社カタログより）

サイコロイ CH6310_C6300_CY6414 の物性比較データ

SABIC イノベーティブプラスチックジャパン合同会社

性質	単位	試験法 ASTM	条件	CH6310	C6300	CY6414
比重	−	D792	23℃	1.2	1.18	1.18
吸水率	%	D570	23℃、 24時間	0.20	0.20	0.20
成形収縮率	%	D955		0.5-0.7	0.4-0.6	0.4-0.7
荷重たわみ温度	℃	D648	0.455MPa			
			1.82MPa	118	106	118
線膨張係数	1*E−5/K	TMA法	−30℃～ +30℃			
燃焼性	mm	UL94	V-1 V-0 5VB	 1.5 2.0	 1.5 2.5	 1.2 2.5
引張強度（降伏点）	MPa	自社法	23℃	61.3	61.0	63.8
引張伸び（破断点）	%	自社法	23℃	220	180	197
曲げ強度	MPa	D790	23℃	93.2	97.0	101.0
曲げ弾性率	MPa	D790	23℃	2,403	2,450	2,359
IZOD衝撃強度	J/M	D256 (1/8 inch)	ノッチ付き (23℃)	510	110	795
			ノッチ付き (−30℃)			
MFI	g/10min	D1238	260C/5kg	17.5	28.0	14.0
スパイラルフロー	mm	−	樹脂温 260℃、 型温65℃、 2mm厚	240	455	245

5-3-2　材料特性

モールド部品に使用されている成形樹脂材料には、樹脂材料特有の特性があり、その評価方法も決められている。**表5.3.1**は1例として、サイコロイCH6310_C6300_CY6414の物性比較データ（SABICイノベーティブプラスチックスジャパン合同会社のカタログより引用）を示す。

成形樹脂材料で考慮しなければならない特性として吸水性、成形収縮率、難燃性などがある。

1
2
3
4
5
6

❶ 吸水性

・成形樹脂材料は一度に使用する量も多く、生産コストに対する材料コストの影響は大きい。そのため、材料調達は大量の材料を一括で購入し、コスト削減などへの対応を実施している。材料の保管は充分気を付けて実施しているものの、吸水率の高い成形樹脂は水分を給水しやすいため、成形時に給水した水分が急激に蒸発することで成形部品表面にシルバーストリーク（銀白色の条痕）や、ショートショット（充填不足）などの成形不良が発生することがある。このような成形不良が発生しないよう、底湿度と温度変化の少ない環境での管理が特に必要である。

〔事例〕

成形樹脂	吸水率	成形樹脂	吸水率
ABS	0.5	PC	0.17
PES	0.43	PC/ABS アロイ	0.28
POM	0.25	PS	0.08

❷ 成形収縮率

・成形収縮率とは、金型に成形樹脂を注入した後の樹脂が冷却することで体積が縮むことを言い、以下の式で表す。

$$収縮率 = \frac{(収縮前の長さ) - (収縮後の長さ)}{(収縮前の長さ)}$$

成形条件を変えることである程度収縮率を制御することもできるが、成形条件には限界があり、最悪金型を修正しなければならなくなる。

〔事例〕

成形樹脂	成形収縮率	成形樹脂	成形収縮率
ABS	0.4～0.6	PC	0.5～0.7
PES	1.5～4.0	PBT	1.8～2.2
POM	1.5～2.5	PS	0.4～0.7

❸ 難燃性

・難燃性は、成形樹脂材料の燃えにくさを表す指標として定義されている。モールド部品はいろいろな形に成形できるという特徴があり、家電製品、事務器製品の外装部品に適用されている。外装部品には、特に内部からの延焼を防止するために燃えにくいという機能が要求されている。特にアメリカに輸出する製品に関しては、燃焼特性を評価する規格としてUL規格を適用しなければならない。

・成形樹脂材料の難燃性は、L94 HBから難燃性の高いL94 5VAまで以下で表す。

難燃性低い　→　→　→　難燃性高い

UL94 HB　UL94 V-2　UL94 V-1　UL94 V-0　UL94 5VB　UL94 5VA

① UL規格の概要

「UL規格は、アメリカ保険業者安全試験所（Underwriters Laboratories Inc.：UL）が策定する製品安全規格です。材料・装置・部品・道具類などから製品に至るまでの機能や安全性に関する標準化を目的としています。UL規格の認証取得は任意ですが、州のプロジェクトではUL認証を義務付けている場合も多く、アメリカの電気製品の多くはUL認証品となっています。UL規格を国家規格（ANSI）として採用しているANSI/ULもあります。」（日本貿易振興機構：JETRO「貿易・投資相談Q&A、UL規格の概要：米国」より引用）。

② UL94規格の概要

UL94規格は装置および器具部品用のプラスチック材料燃焼性試験の規

格番号で、プラスチック材料の燃えにくさの度合を表す規格として、UL規格で定められているものが世界的に認められている。UL規格では、燃焼速度、炎を出して燃焼する時間、滴下物による発火などの項目を水平燃焼試験および垂直燃焼試験で評価している。

JIS C 60695-11-10とJIS C 60695-11-20は、IEC 60695-11-10とIEC 60695-11-20を基に、技術的内容および構成を変更することなく作成されている。

本書ではUL94規格について、以下代表的な内容をまとめたが、詳細内容はIEC 60695-11-10、IEC 60695-11-20、JIS C 60695-11-10、JIS C 60695-11-20および関連規格を参照して頂きたい。

UL94規格の試験方法と判定基準を、JIS C 60695-11-10（7.試験片、9.B法：垂直燃焼試験、9.4分類の表2-垂直燃焼性の分類の判定基準と図3-垂直燃焼性試験装置（B法））と、JIS C 60695-11-20（7.試験片、8.試験手順、8.4分類の表2-5V燃焼性分類）より一部内容を抜粋して**図5.3.2**および**表5.3.2**にまとめた。

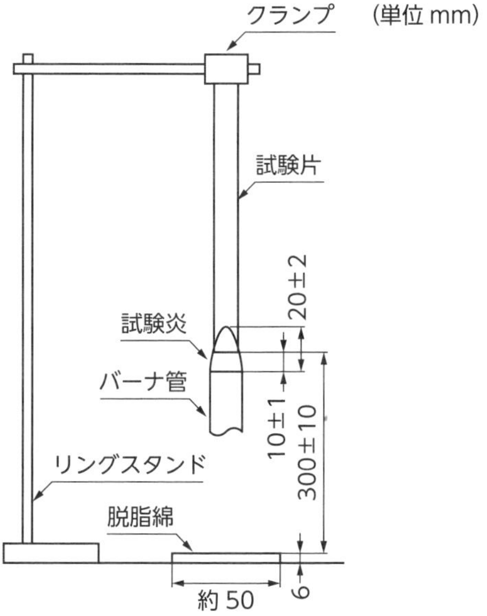

▲**図5.3.2**　（JIS C 60695-11-10の図3-垂直燃焼試験装置（B法）より引用）

▼**表5.3.2**　垂直燃焼性の分類の判定基準（JIS C 60695-11-10のB法とJIS C 60695-11-20による）

対応規格	JIS C 60695-11-10			JIS C 60695-11-20	
判定基準	V-2	V-1	V-0	5VB	5VA
試験片の長さと幅	125±5×13±0.5（mm）			125±5×13±0.5(mm)	
試験片の厚み	0.1、0.2、0.4、0.75、1.5、3.0、6.0、12（mm）			0.75、1.5、3.0、6.0、12（mm）	
試験片の数	5 個				
試験環境温度	15℃～35℃				
試験環境湿度	75%以下				
試験炎	50W			500W	
接炎	10s±0.5s			5s±0.5s	
各試験片のそれぞれの残炎時間（t1 及び t2）	30s 以下	30s 以下	10s 以下		
各状態調節の一組 5 個の試験片の合計残炎時間 tr	250s 以下	250s 以下	50s 以下		
各試験片の 2 回目の接炎後の残炎時間及び残じん時間の合計	60s 以下	60s 以下	30s 以下	–	–
各試験片における、5 回の接炎後の残炎時間及び残じん時間の合計 (t1＋t2)	–	–	–	60s 以下	60s 以下
支持クランプまで達する残炎・残じん	なし	なし	なし		
脱脂綿の敷物を着火させる溶融落下物又は有炎落下物	あり	なし	なし	なし	なし
板状試験片の試験で、炎による貫通の有無	–	–	–	あり	なし

・V：vertical burning（垂直難燃性）

・
$$t_{\mathrm{f}}=\sum_{i=1}^{5}(t_{1,i}+t_{2,i})$$

t_{f}　：合計残炎時間（s）
$t_{1,i}$：i 番目の試験片の最初の残炎時間（s）
$t_{2,i}$：i 番目の試験片の 2 回目の残炎時間（s）

JIS C 60695-11-10のB法とJIS C 60695-11-20の試験条件は多少異なるが、両試験とも垂直燃焼試験を採用している。

❹ 耐候性

耐候性とは、自然環境に対し、変質や劣化を起こしにくい性質のことを言う。成形樹脂材料は屋（内）外の太陽光、（降雨）、温度、湿度により変色や劣化を起こす。この変色や劣化の評価には、測色（色差）計による色合い評価、光沢計による光沢の評価がある。劣化の例としては、スキー靴を長年放置しておくと突然亀裂が入り壊れることがある。

❺ 耐薬品性

耐薬品性とは、いろいろな薬品に対する耐久性のことを言う。成形樹脂材料は化学成分よりできているため、特に薬品による耐久性に対する影響を受けやすい特徴がある。

1) 侵入した薬品が有機高分子の結合を切断することによる力学的性質（引っ張り強さ、伸びなど）や外観品質の低下が起こる。
2) 溶剤による溶解・膨潤《ぼうじゅん》に伴う物理的性質（融点、ガラス転移点など）、力学的性質（ヤング率など）、寸法、外観品質の低下などがある。

モールド部品の設計、成形する技術者には、各社が公開している成形樹脂材料を参照することを勧める。

第6章

モールド部品設計

電機・精密機器業界におけるモールド部品設計とは、旋盤、フライス盤などにより材料を削り出して造る部品と違い、金型の中に溶かした樹脂を流し込んで成形する部品の設計をいう。特にモールド部品は、量産性を意識した設計分野であり、家電製品などではメカ部品の約３割に使用されている。成形樹脂材料の開発も進み、最近では自動車、航空部品など軽量で強度を必要とする部品にも使用されている。

基本的な設計にはあまり違いはないが、部品が金型により造られるという特徴がある。第５章で説明したようにモールド部品設計は、金型から成形品を取り出すため、かど、隅などにはR形状を、金型から分離する箇所には数度の抜き勾配を付けるなど、切削加工とは違う形状への配慮が必要になる。

この章では、過去６年間実施した設計コンテストで検討した内容を基に、産業界として外装モールド部品を設計する上で特に守らなければならない課題と、その対応について解説する。

6-1 モールド部品設計時に考慮すべきこと

6-1-1　設計の流れ

設計仕様の作成は、製品に要求された機能を達成するために、設計者自らが行う設計行為である。本書では、あらかじめ基本的な設計仕様が定義された所から設計を始めることにする。

設計をする上での注意点は、以下のとおりである。

① 設計仕様内容は、製品として守るべき基本的な条件を記載したものと位置付けているため、不足仕様については追加できるが変更はできない。
より魅力的な製品に仕上げたいと思えば、設計者自らが関係部門と調整した上で、追加仕様として仕上げていく必要がある。

② 製品設計には可能な限り金型要件を盛り込み、金型設計者に製品設計の内容が正しく伝達できる設計を目指す必要がある。

6-1-2　設計手順

本書「4-5 メカ設計における設計手順」で記載したとおり、いきなり詳細設計を始めるのではなく、まずは製品に要求される仕様をどのように製品に具現化していくかを検討する構想設計から始め、基本設計、詳細設計へと順次設計を進めていくことが大切である。以下、各設計段階で主に決めていかなければならない要件（表中のグレーの部分）を**表6.1.1**にまとめた。

▼**表6.1.1**　各設計段階での主な検討内容

	構想設計	基本設計	詳細設計
設計仕様			
成形性			
図面表記（幾何公差）			

3D CADが導入されて、モデルが作成しやすくなったこともあり、若手の設計者などには事前の検討を充分実施しないうちに、詳細モデル作成を先行させる傾向がある。形を作ることで設計が進んだように見えるが、設計行為に近道はない。CAD機能、解析ソフト、情報の共有化などで設計効率は目覚ましく向上はしているが、事前の検討を省くことはできない。自分の設計に自信を持てるようになり、関係者からも信頼される設計を心がけて欲しい。

■6-1-3　設計時の注意点

ここでは特に、モールド（外装）部品を設計する上で特に注意すべきことについて記載する。

(1) 形状

① モールド（外装）部品の形状は、公差の中央値で作成する。

- 20±0.1⇒20.0
- $20^{0}_{-0.2}$　⇒19.9

② 難燃性を要求される材料は、UL規格のV0以上、基本肉厚は1.5～3mm程度、色は自由を基本とする。

③ 全ての部品には「データム系」と「原点に座標系」を持たせ、相互の部品原点や位置決めを考慮して形状や公差を決定する。
製品の原点からユニット部品の原点、個々の部品の原点へと順次原点を決めていく。

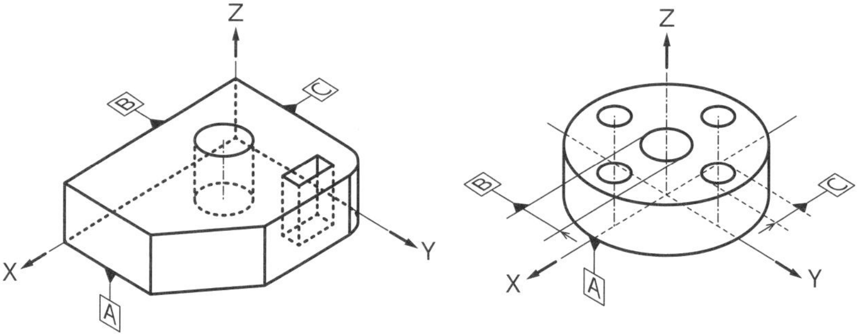

▲**図6.1.1**　部品へのデータムと原点指示

④ 樹脂成型品ということもあり、金型からの成形品の分離などを考慮し、原則かど、隅には全てR形状を付ける。

⑤ 他の加工部品設計でも考慮する必要があるが、平面度を要求する箇所は面全体ではなく、面を限定するか段差を設け必要部分を最小領域で指示する。

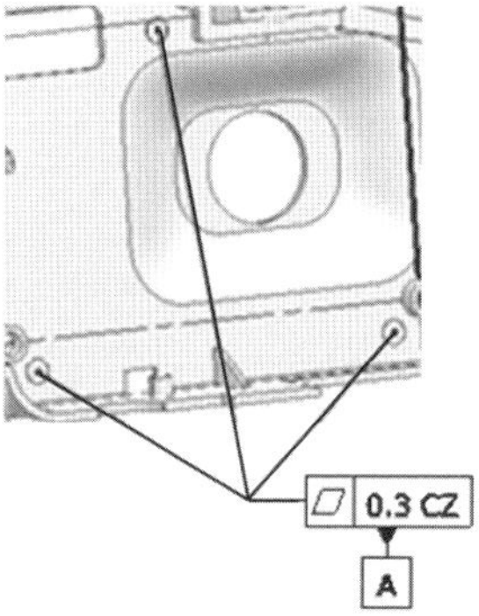

▲**図6.1.2**　部品への最小領域指示の例

⑥ 他部品を取り付ける箇所は特に応力が集中するため、フィレット（根元R）や補強リブ付きボスなどを設ける。

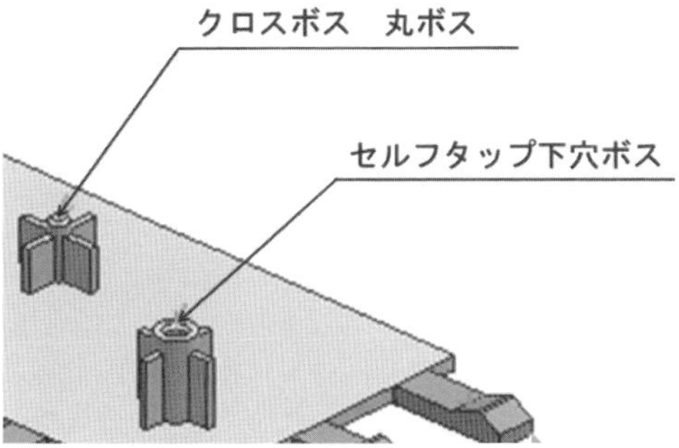

▲図6.1.3　部品へのフィレット（根元R）や補強リブ付きボスの指示の例

⑦ 必要に応じて抜き勾配を付ける。

金型と成形部品が接する面には、成型部品がスムーズに離型する（金型から抜ける）ように設計の段階から形状面に勾配を設ける。射出成形の時にパーツの金型へのカジリなどの不具合を防止できるように、勾配角度は以下が推奨されている。

- 垂直な面には最低でも0.5度
- 一般的には1度
- 擦り合わせ面の場合は、3度以上
- 軽め（細め）のシボ加工（PM-T1）の場合は3度が必須
- 強め（少し粗め）のシボ加工（PM-T2）の場合は5度以上

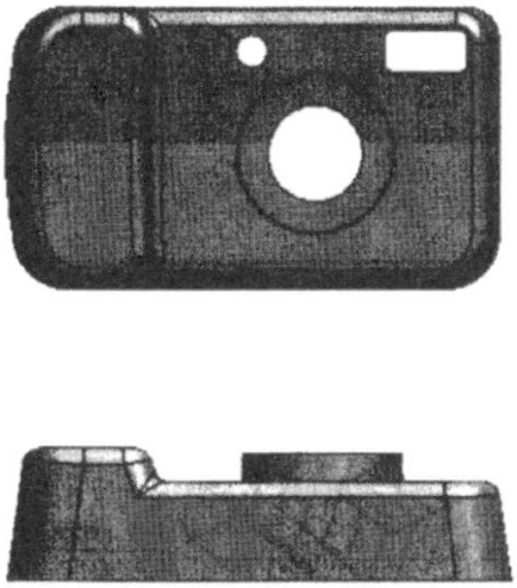

▲図6.1.4　抜き勾配の付いた例

⑧ シボ加工

プラスチック成形金型のシボ加工には、成形部品と接触する金型の表面に規則正しい模様をつける場合と、不規則な模様として皮革模様・木目・岩目などの模様をつける場合がある。その加工方法には、なし地加工、機械加工、電鋳《でんちゅう》、放電加工、精密鋳造《ちゅうぞう》などがある。電機・精密機器業界では、成形品の正面のキズや汚れを目立たないようにするため、一般的になし地加工を実施している。

(1) 金型のなし地加工には以下のような特長がある。

- 微細で均一な模様に加工できる。
- 複雑な形状にも加工できる。
- いろいろな材料に加工できる。
- 加工時間があまりかからず、加工が簡単。

(2) 成形部品の表面にシボを付ける理由

- プラスチック製品の表面は柔らかく傷つきやすいため、キズが付いても目立たないようにする。
  例：カメラやプリンターの外観に使用されている。
- デザインとしての高級感を与える。
  例：自動車の内装部品には「皮革模様」「木目」などが多く使われている。
- 表面を滑りにくくし、しっかりと持てるようにする。
  例：キーボード、ドライヤーのグリップ、スキーのストックなどに使われている。
- 成形時のウェルドラインやヒケを目立たないようにする。
  品質・納期・コストを含めた生産性の向上に役立っている。
- シボ加工を行うことで、成形品表面に塗装を必要としない製品ができる。
  塗料には有機溶剤なども使われており、シボ加工は環境にやさしい製品を作ることにも貢献している。

(3) シボには設計上の配慮が必要

シボ面は、成形後成形部品が金型から離れにくくなるため、一般的抜き勾配より大きな抜き勾配を付ける必要がある。ただし、シボ加工を行う部品の材質、模様などにより表面性状を数値化することが難しいため、シボ見本を作ることでシボ面の品質管理を行っているのが現状である。JIS規格などでシボに関する規格化が実施されていないため、本書で以下2種類のシボを紹介する。細目のシボ加工には3度以上、少し粗目のシボ加工には5度以上の抜き勾配を設けることを推奨する。

〔シボの種類〕

- **細めのシボ**：電気・事務機製品で一般的に使用される細目のシボ加工（微細粒のビーズブラストでの処理）
- **少し粗目のシボ**：細めのシボより少し粗目のシボ加工（中程度のビーズブラストでの処理）

(2) モールド（外装）部品として求められる主な機能

① 内部部品の保護。

② 商品価値を高める外観のデザイン表現。

③ 安全で取り扱い易い形状と設置時の安定性。

④ 内部構造物から発せられる障害(騒音、ノイズ、迷光など)を外に出さない機能。障害対策としては、特に内部からの発煙発火に対し、外装部品で外部への延焼を食い止めることも求められている。

モールド（外装）部品は、内部構造物を覆い隠す機能以外に、製品を形や色などで魅力的に表現する機能と、製品を安全に取り扱える機能を備えている。モールド（外装）部品を設計する時には、このようないろいろな機能・特徴を生かした設計仕様と3D図面の作成を心がける必要がある。

6-2 設計事例

ここに提示する設計事例は、公益社団法人 日本設計工学会（ISDE）主催、一般社団法人 電子情報技術産業協会（JEITA）後援の下、国内の大学／高等専門学校からのチーム参加により、2014年から実施してきた「設計コンテスト」の事例である。

「設計コンテスト」は、大学（大学院を含む）／高専から1チーム2名の編成とし、同一校からは2チームまでの参加で開催している。主に電機、精密機器業界製品のモールド外装部品を設計課題とした、幾何公差指示による3D設計力を競うコンテストとして位置付けている。

設計コンテストは産学協同プロジェクト事業として位置付けられ、JEITA三次元CAD情報標準化専門委員会は工学の啓蒙と設計教育に貢献するための技術支援を行っている。筆者もこの設計コンテストの設計に関する研修指導を担当している。参加者が大学、高専の学生ということもあり、「設計仕様と機械設計の基礎」、「一括公差指示を含む幾何公差」、「3DAモデルガイドライン Ver3.0」、「3DAモデル金型工程連携ガイドライン Ver1.2」に基づく事前の座学研修を行っている。

この設計コンテストの特徴は、参加チームから一方的に設計成果を提出させるだけでなく、各参加チームから提出された設計に対し、研修内容をどの程度理解しているかを評価している。また、改善点も含めフィードバックを実施することで、今後の若手機械系技術者の育成までフォローするところにある。ここで解説する製品設計は、設計工程の中でも本書「4-5メカ設計における設計手順」で説明した、設計フローの製品機能検討段階で行う設計に位置づけられる。まだ経験の少ない設計者を対象にした設計事例であるため、現状と異なる所もあることをご理解いただきたい。今回本書で解説する事例は、企画／構想、要素検討、機能検討はほぼ完了し、製品全体の機能を確立する設計段階からのスタートである。

内部構成部品は機能検討段階で形状、仕様ともに決定し、以下「6-2-1 設計仕様書」として提示している。これまでの実績としては課題6テーマ、事例としては約70種類程度ある中から、設計仕様に対しどのような設計を実施し、それに対しどのようにアドバイスをしていったか「ハンディークリーナーのモールド外装部品の設計」の事例（設計コンテスト2017より引用）を基に解説する。

6-2-1　設計仕様書

以下、2017年の設計コンテストにて実施された「ハンディークリーナーのモールド外装部品の設計」の事例を紹介する。

(1) 一般仕様（設計コンテスト2017より引用）

❶対象

一般ユーザが使用するハンディークリーナーの外装、および関連部品を設計する部品。

❷ハンディークリーナー使用方法

a) スイッチを入れると、吸引口から吸引し、内蔵したフィルタを通して吸引した空気が排気口から排気される。

b) 電源は充電式とする。ACアダプタの差し込み口を使用して充電する。

❸メンテナンス性

ユーザ自身がクリーナー内部に溜まったゴミの廃棄を行うため、以下の操作が可能なこと。

a) 外装の一部に開閉可能な蓋、扉などを設置し、内部に溜まったゴミが廃棄可能な構造にすること。

b) 外装の一部に設置した蓋、扉などを開閉し、フィルタの取り外しが可能なこと。

c) フィルタは間違うことなく所定の位置で着脱できること。

❹安全性

市販されているハンディークリーナーの取扱説明書に記載された通常の操

作において、ユーザに傷害が発生しない安全対策をとる（各種操作において切り傷等の怪我がないような対策を取る)。

❺内蔵したフィルタ交換と内部に溜まったゴミの廃棄

a) フィルタはユーザが交換可能なこと。

b) 内部に溜まったゴミはユーザが廃棄可能なこと。

c) 外装の一部に設置した蓋もしくは扉の操作保持力は、1N±0.3Nとする。

❻環境対応

REACH規則、RoHS指令対応。

3R対応（リデュース、リユース、リサイクル)。

異種材料は分解可能な設計とする。

環境対応について分からない場合は調査して理解すること。

例　https://home.jeita.or.jp/eps/epsREACH.html

https://home.jeita.or.jp/eps/euRoHS.html

❼量産性

以下を考慮する。

射出成形部品。

10万台／月産以上。

❽コスト

以下は各自算出する。

外装コスト：　　　　　円以下。

金型コスト：　　　　　円以下。

❾外形寸法

横幅＋縦幅＋奥行≦750mm以下。

❿質量

外装部品1と外装部品2の総質量750g以下。

⓫材質

内部部品1：電気部品、金属／樹脂部品の混合材で構成する。

密度：1.4（10^3Kg/m^3）とする。

フィルタ外枠：PC-ABSグレード：CY6414

設計外装部品：材質はUL94規格対応（94 V-0対応）とし、下記5種類からの選択とする（グレードは仕様として提示すること）。

① PMMA（メタクリル樹脂）：透明。

② ABS（ABS樹脂）：表面光沢・寸法安定性・成形性に優れている。

③ PET（ポリエチレンテレフタレート樹脂）：再利用・汎用性に優れている。

④ PC（ポリカーボネート樹脂）：透明。

⑤ PC ABS（ポリカーボネート アクリロニトリルブタジエンスチレン混合）：機械的特性、耐衝撃性、耐熱性に優れている。

⑫外観

外装部品1または外装部品2の少なくともどちらかに、PM-T1またはPM-T2（研修にて説明する）のシボを指定すること。抜き勾配角度や外観、機能を考慮して決定すること。

外観色：自由。

⑬必須設計条件

内部部品1を固定する外装部品1、外装部品1と対になる外装部品2を設計する。

※外装部品2の取り付けには、外装部品1との位置決めを設けること。

※フィルタは2か所の突起を使い、外装部品1または外装部品2に位置決めすること。

※フィルタは吸気～排気の経路に配置し、内部に溜まったゴミが空気といっしょに排気されるのを防ぐ構造とすること。

(2) 形状に関する設計仕様（設計コンテスト2017より引用）

前記「(1) 一般仕様」作成の条件に基づき、既に決定している部品は、内部部品1とフィルタの2部品のみ。

その他の部品は各チームが必要に応じて仕様と形状を設計する（内部部品1とフィルタの詳細形状は、コンテスト事務局から3Dデータを提供する）。

❶ 形状仕様1

内部部品1の材質は、電気部品、金属／樹脂部品の混合材とする。

a）**図6.2.1**は内部部品1の正面から見た形状と背面から見た形状を示す。

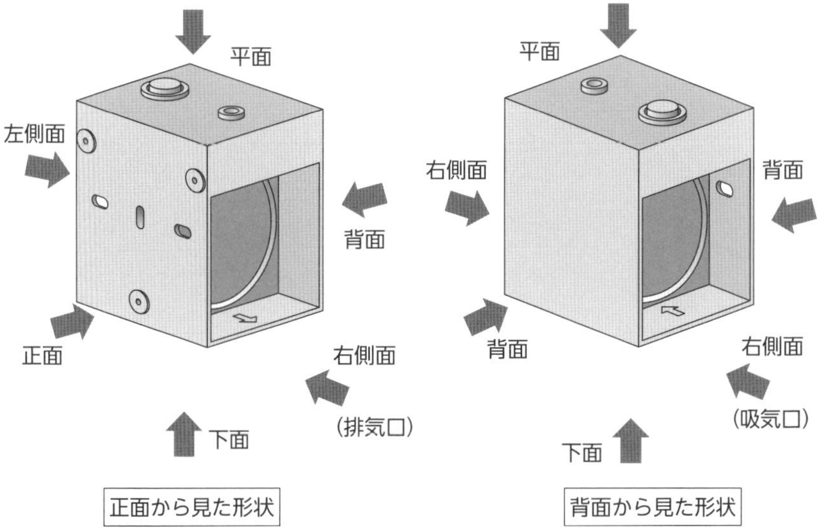

▲**図6.2.1**　内部部品1の形状（設計コンテスト2017より引用）

❷ 外装部品1と内部部品1の位置決め—正面

図6.2.2に示すデータムA、データムB、データムCにより内部部品1を外装部品1に取り付ける。かつ、3か所のデータム平面Aを基準にM3ねじで固定する。

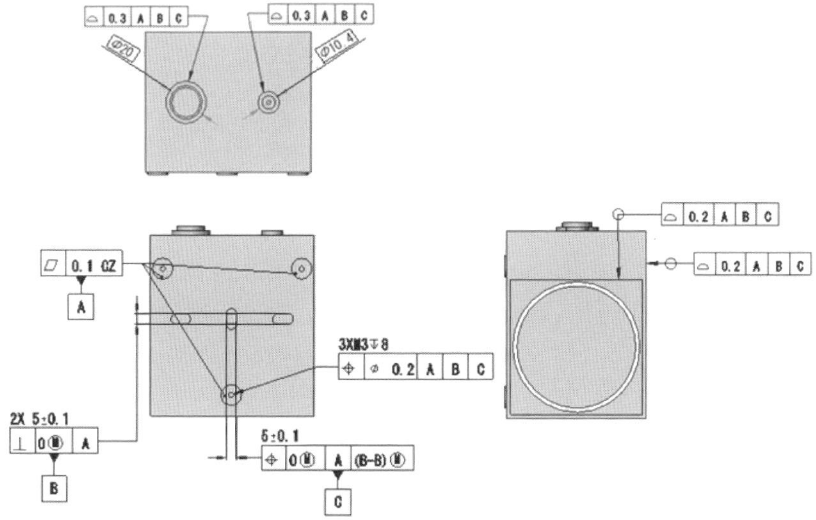

▲**図6.2.2**　内部部品1の図面（設計コンテスト2017より引用）

a) **図6.2.2**の左側φ20部はスイッチ、右側φ10.4部は充電用のコネクタである。ユーザがアクセス可能なように設計すること。

b) 外装と干渉しないよう設計すること。

c) 外装との隙間は安全性に留意して設計すること。

d) 特に幾何公差指示を行っていない個所は、JEITA規定の普通幾何公差を適用する（GGTG2）（**表6.2.1**参照）。
なお、普通幾何公差については本書p.146の「参考 一括公差指示」を参照のこと。

▼表6.2.1　JEITA普通幾何公差（設計コンテスト2017より引用）

JEITA 普通幾何公差 JEITA General Geometrical Tolerance Grade

公差等級 Tolerance Grade	公差決定寸法 L の区分 Classification of Decided Dimension for Tolerance					
	L≦6	6＜L≦30	30＜L≦120	120＜L≦400	400＜L≦1000	1000＜L≦2000
GGTG 1	0.1	0.2	0.3	0.4	0.6	1
GGTG 2	0.2	0.4	0.6	1	1.6	2.4
GGTG 3	0.4	0.8	1.2	2	3	4
GGTG 4	1	1.4	2.4	4	6	8

❸ フィルタの位置決め

フィルタの外枠材質はPC ABSグレード：CY6414とする。

a）前記JEITA規定の普通幾何公差を適用する（GGTG2）。

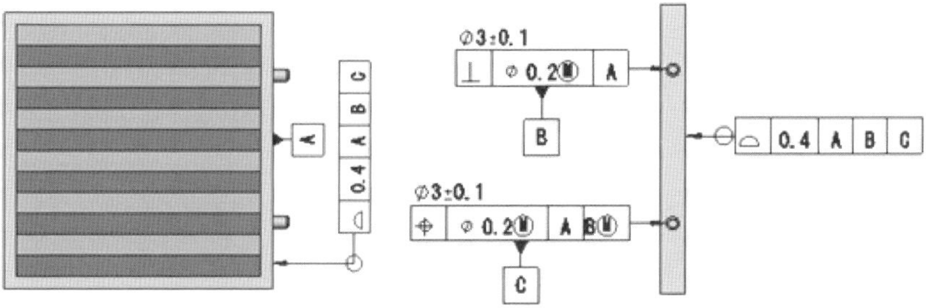

▲図6.2.3　フィルタの図面（設計コンテスト2017より引用）

❹ 安全性

市販されているハンディークリーナーの取扱説明書に記載された通常の操作において、ユーザに傷害が発生しないように安全対策をとる（各種操作において切り傷などの怪我がないように対策を取る）。

❺ フィルタ交換

a）フィルタはユーザが交換可能なこと。

b）フィルタは内蔵構成とし、外装に蓋、扉などを付けること。

c) 蓋、扉などの操作保持力は、1N±0.3Nとする。

6-2-2　構想設計

構想設計とは、製品に要求される仕様をどのように具現化していくかを検討するプロセスである。最初からあまり詳細な設計に終始するのではなく、製品全体を大きくとらえた設計検討を行う。

以下、引き続き2017年の設計コンテストにて実施された「ハンディークリーナーのモールド外装部品の設計」の事例で解説する。

(1) 材料選定

設計者は、モールド部品を設計する上で、最初に決めなければならない項目の一つとして材料を選定すること。量産部品の場合は使用量も多いため、設計者は調達できるメーカと品質はもとよりコスト、量の取り決めを事前に行い、生産時期に間に合うように材料を選定する必要がある。

チェックポイント

- ☑ UL規格に準拠
- ☑ 環境対応材料（RoHS指令、REACH規則）
- ☑ 成形性（流動性）
- ☑ 価格（低コスト）

今回、内装する内部部品1は、設計仕様より吸引モータとスイッチなどの電気系を含むことが判明している。発熱温度は仕様書に記載されていないが、外装部品の材質はUL94規格対応（94 V-0対応）とし、下記5種類から選択することになっている（グレードは仕様として提示すること）。

① PMMA（メタクリル樹脂）：透明。
② ABS（ABS樹脂）：表面光沢・寸法安定性・成形性に優れている。

③ PET（ポリエチレンテレフタレート樹脂）：再利用・汎用性に優れている。

④ PC（ポリカーボネート樹脂）：透明。

⑤ PC ABS（ポリカーボネート アクリロニトリルブタジエンスチレン混合）：機械的特性、耐衝撃性、耐熱性。

外装部品の材料は以下の理由によりPC ABS グレード：CY6414を採用する。

- フィルタの外枠材使用実績がある。
- 仕様書の難燃性は肉厚1.2mmでV0が達成できる。
- RoHS指令対応材料である。
- 収縮率、MFIは成形性からも対応できる特性をもっている。

以下確認のため材料特性を記載する。

▼**表6.2.2** CY6414の材料特性（SABICイノベ―ティブプラスチックスジャパン合同会社カタログより）

性質	単位	試験法	条件	CY6414
比重		D792	23℃	1.18
吸水率	%	D570	23℃、24時間	0.2
成形収縮率	%	D955		0.4-0.7
荷重たわみ温度	℃	D468	1.82Mpa	118
難燃性	mm	UL94	V-0	1.2
引張強度（降伏点）	Mpa	メーカー方法	23℃	63.8
引張伸び（破断点）	%	メーカー方法	23℃	197
曲げ強度	Mpa	D790	23℃	101
曲げ弾性率	Mpa	D790	23℃	2,359
IZOD衝撃強度	J/M	D256（1/8inch）	ノッチ付き（23℃）	795
MFI	g/10min	D1238	260/5kg	14
スパイラルフロー	mm	D3123	樹脂温度260℃、型温度65℃、2mm厚	245

注意：材料選定は製品コストに直接影響がある設計行為のため、材料調達部門や製品材料を決めている部門、担当者と調整する。

(2) 全体構造の検討

本書「6-2-1 設計仕様書」で提示された設計仕様より、外装部品の構成と配置および外装部品の大まかな構造を検討する。

チェックポイント

- ☑ 外装部品の主な大きさと重さ
- ☑ 内部部品1、フィルターの位置と取り付け
- ☑ 開口部の位置と開口方法
- ☑ 外装部品の分割

外装ユニット機能は以下を満足する必要がある。

① 内部部品の保護。

② 商品価値を高める外観デザイン表現。

③ 安全で取り扱い易い形状と設置時の安定性。

④ 内部構造物から発せられる障害（騒音、ノイズ、迷光等）を遮断。

⑤ 内部からの発煙発火に対し、外装部品による外部への延焼防止。

上記①～⑤の機能を満足する外装ユニット部品の大まかな部品配置と部品構成を検討する。

❶ 主な大きさと質量

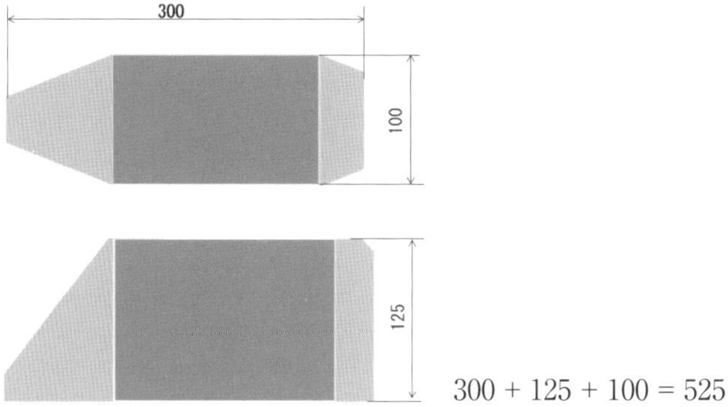

▲図6.2.4　大きさと質量

〔外形寸法〕

横幅 + 縦幅 + 奥行 = 300 + 125 + 100 = 525[mm]

設計仕様750mm以下。

〔質量〕

平均肉厚1.5mmとし比重：1.18、全体の体積はリブなど補強部分も含まれるので、1.5倍として計算する。

(30 × 10 × 12.5 − 29.7 × 9.7 × 12.2) × 1.18 × 1.5 = 416.4845[g]

設計仕様750g以下。

❷ 全体構造と配置

上記外装ユニット部品の機能を満足した上で、大まかな部品配置のアイデアを10数個提案したが、その中から成績上位の2提案で以下を検討する（**図6.2.5**、**図6.2.6**）。

- **第1案**：ゴミ収納部、本体、グリップの3分割。
  特徴：ゴミの取り出し、先端ノズルの清掃が簡単

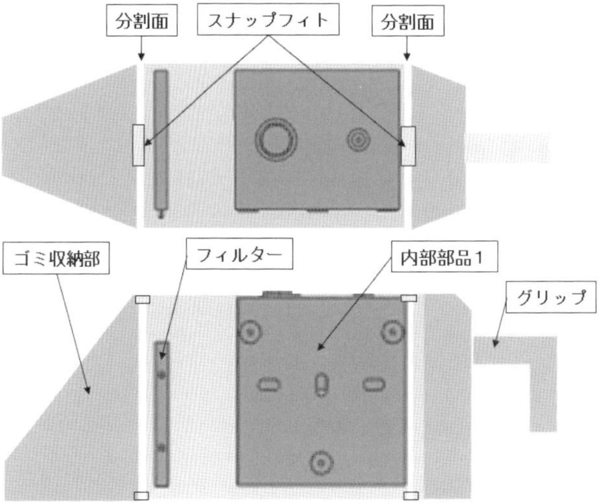

▲図6.2.5　第1案

- **第2案**：ゴミ収納部、本体、グリップを一体で、縦分割。
  特徴：部品点数と組み立て工数が少なくコストダウンが可能。

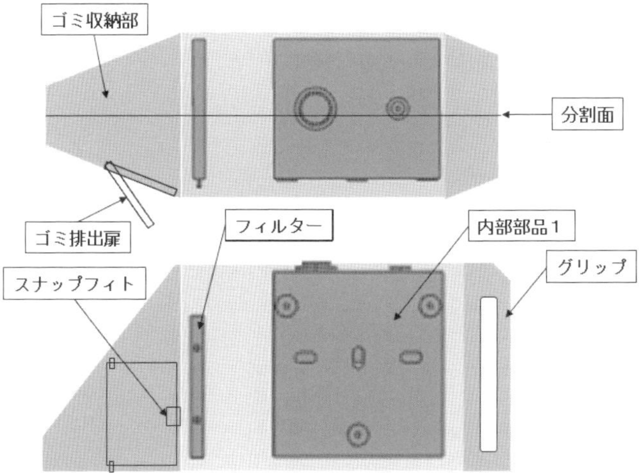

▲図6.2.6　第2案

検討結果を総合的に判断して、ゴミの取り出しと内部の清掃は第1案が良いが、第2案も取り出し部の開口部を大きくすることで、対応が可能と考えられるため、最終的には部品点数が少なく、安く製作できる第2案を採用する。

6-2-3 基本設計

基本設計とは、関連部門との間で個々の技術領域に関する最終設計を行う工程で、メカ設計者においても製品、ユニット、部品の仕様に基づき、生産性も考慮した設計を行う。

以下、引き続き2017年の設計コンテストにて実施された「ハンディークリーナーのモールド外装部品の設計」の事例で解説する。

チェックポイント

- ☑ 内部部品に対し、外装部品の位置決めを行う
- ☑ 外装部品同士の位置決めを行う
- ☑ ユーザ操作部の構造と操作保持力等の計算を行う
- ☑ 金型要件を考慮した設計を行う

(1) 内部部品1の取り付け

内部部品1に定義してあるデータムA、データムB、データムCを基に、内部部品1に対応するデータムを外装部品1に設定する（**図6.2.7**参照）。図中の矢印は、内部部品1と外装部品1のデータムA、B、Cが対応することを示す。

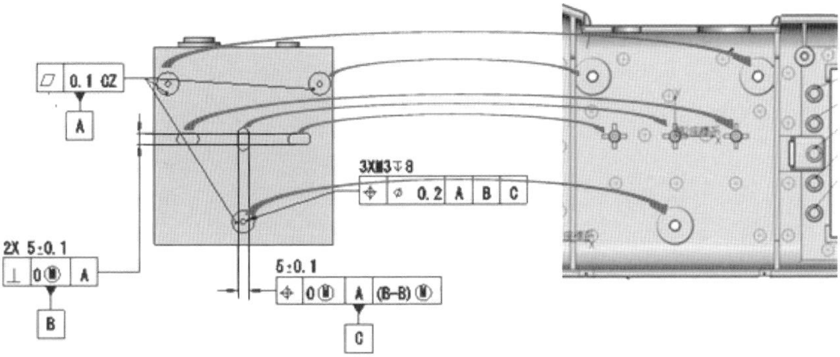

(a) 内部部品1　　(b) 外装部品1

▲図6.2.7　内部部品の取り付け

(2) フィルタの取り付け

フィルタに定義してある位置決めを基に、フィルタを外装部品2に取り付ける（**図6.2.8**参照）。図中の矢印は、フィルタと外装部品2のデータムA、B、Cが対応することを示す。

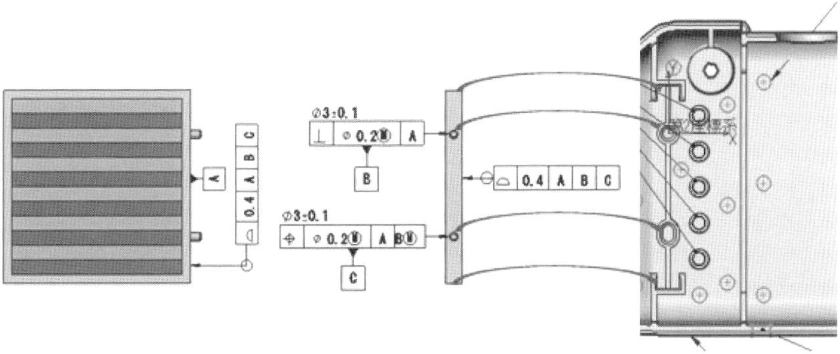

(a) フィルタ　　(b) 外装部品2

▲図6.2.8　フィルタの取り付け

(3) 外装部品1と外装部品2の取り付け

外装部品1の2ヶ所の位置決めボスを基準に、外装部品2の穴と長穴で位置

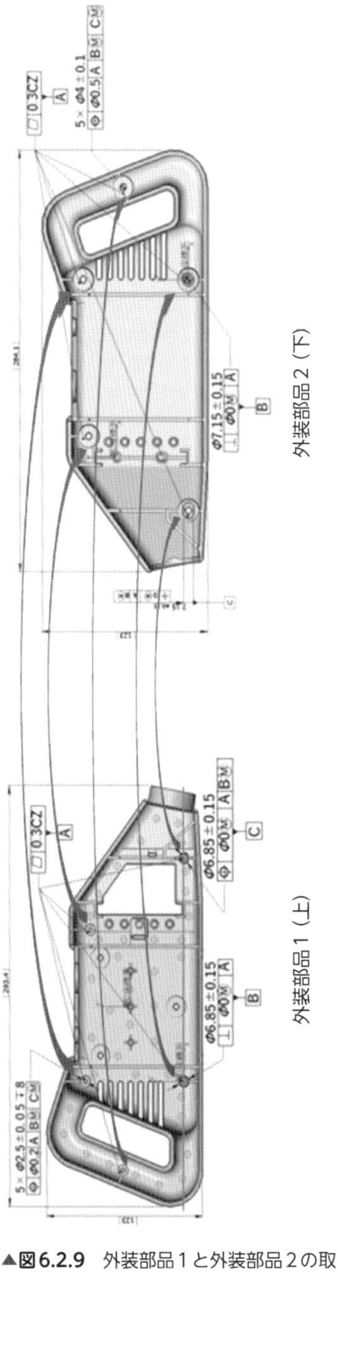

▲**図6.2.9**　外装部品１と外装部品２の取り付け

決めする（**図6.2.9**参照）。図中の矢印は、外装部品1と外装部品2のデータムA、B、Cが対応することを示す。

(4) ゴミ収納部のゴミ排出扉スナップフィットの検討

扉の開放に必要な操作保持力の検討を行う。仕様書に、ユーザが操作保持力1N ± 0.3Nと規定している。仕様範囲でスナップフィットの取り付け、取り外しができるかを検討する。

- 形態

  取り付け、取り外しが簡単で、外装部品の一部として製作できるため製作コストも安く抑えられるスナップフィットを採用。

- 保持力

  図6.2.10に示すような片持ち梁の先端荷重の計算から、

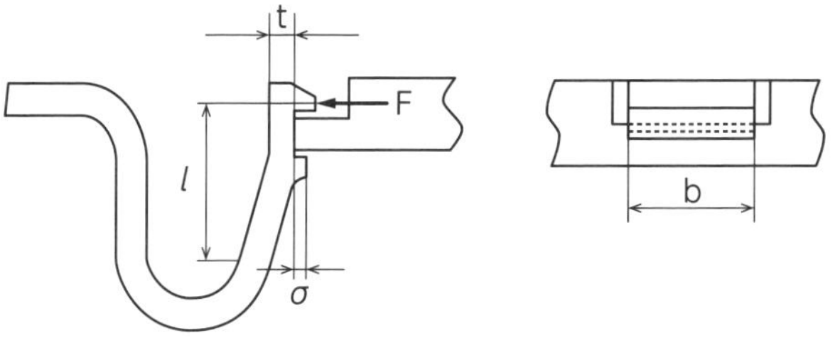

▲**図6.2.10**　スナップフィット

スナップフィット型の保持力をF[N]とすると、

$$F = \frac{\delta \times 3EI}{l^3}\ [\mathrm{N}]$$

となる。ここで、l、δ、b、tを以下とする。

l ：荷重Fまでの作用点の距離 = 22[mm]

δ ：変形量（かませてある部分の長さ） = 1.0[mm]

E：曲げ弾性率 = 2359（CY6414の特性より）[Mpa]であり、

I ：断面二次モーメントは以下の計算式から求める。

$$I = \frac{b \times t^3}{12}$$

b ：スナップフィットの幅 = 10[mm]

t ：スナップフィットの厚み = 1.2[mm]

スナップフィット型の保持力F[N] は以下となる。

$$F = \frac{\sigma \times 3E \times \frac{b \times t^3}{12}}{l^3}$$

$$F = \frac{1 \times 3 \times 2359 \times \frac{10 \times 1.2^3}{12}}{22^3}$$

$$= 0.957[\mathrm{N}]$$

設計仕様の操作保持力1N ± 0.3Nを満足することになる。

チェックポイント

- ☑ 幾何公差の基本を理解
- ☑ 内部部品を取りつける部品の幾何公差指示と公差を理解
- ☑ 外装部品同士の組み付けの幾何公差指示と公差を理解
- ☑ 一括公差指示を含む幾何公差を理解

(5) 金型要件の検討

モールド部品の設計は切削部品と異なり、金型要件を考慮した設計を行わなければならない。局部的に狭い箇所などがあると、樹脂が細部まで充填しない。成形後温度が下がると収縮と変形も起こす。また、抜き勾配が不十分で複雑な形状では、成形部品が金型から取り出せないなどいろいろな欠陥が発生する。

チェックポイント

- ☑ ヒケ対応
- ☑ 突き出し指示
- ☑ パーティングライン指示
- ☑ 意匠部の抜き勾配指示

外装ユニット機能は以下を満足する必要がある。

① ヒケ対応
　平均肉厚を維持し、局部的に肉厚部がないよう設計する。
② 突き出し指示：コア側の面にバランスよく配置する。
③ パーティングライン（PL）指示：パーティングライン、アンダーカット部のスライド部などは図面で指示し、型抜きが可能な形状に設計する。
④ 意匠部の抜き勾配指示：外観の意匠部は抜き勾配3度で設計、シボ部は抜けにくいため抜き勾配を3度以上で設計する。

以下に、外装部品1、2に対し、金型要件を検討した対応例を示す。

外装部品1への対応（**図6.2.11**参照）

- ヒケに対しては、基準肉厚3mmで外装、リブ、基準面などで対応。
- 突き出し（EP）は、コア側をφ5で39カ所に力が分散するように配置。
- パーティングラインは、型抜きが可能な箇所を指定。また、スライド部は図面で指示。
- 外観にゲート跡が残らないようにサイドゲートで設定。サイドゲートは樹脂の充填が細部まで届きにくいため、ゲートを2ヶ所設定。

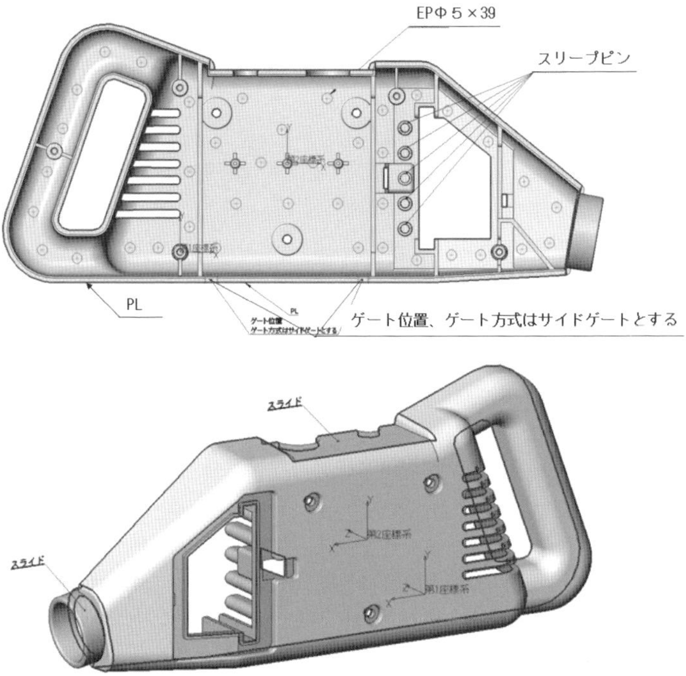

▲**図6.2.11**　外装部品1・金型要件対応（設計コンテス2017より引用）

外装部品2への対応（**図6.2.12**参照）

・外装部品1と同じ対応

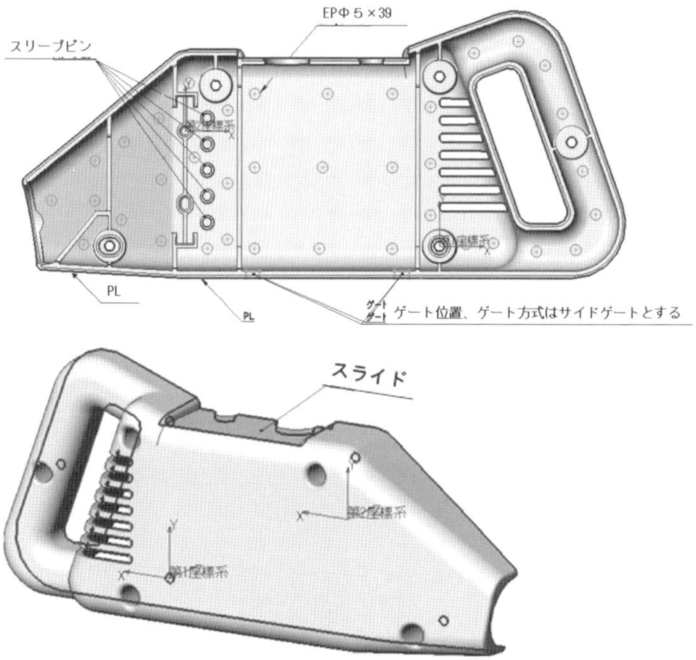

▲**図6.2.12**　外装部品2・金型要件対応（設計コンテス2017より引用）

■6-2-4　詳細設計

詳細設計とは、ユニット、部品を製作するための最終仕様と最終図面を作成する工程である（設計モデルにデータム、幾何公差を定義する）。

今回の設計コンテスト（設計コンテスト2017）で使用したCADは、世界の産業界でよく使用されているCATIA、NX、Creo Parametoric、SOLIDWORKSとなっている。以下に提示する詳細図面では、3D CADの違いによる3Dモデル形状の差はないが、それぞれのCADの機能の違いにより幾何公差図面の表記方法が異なることもある。

今回、幾何公差指示にはJIS B 0060-5をベースに、JEITA 三次元CAD情報標準化専門委員会が規格化した「一括公差指示を含む幾何公差」も採用した。ここでいう「一括公差指示」は、寸法公差図面で運用されていた普通寸法公差を、普通幾何公差に置き換えたものと考えてよい。詳細は最終ページの「参考 一括公差指示」を参照のこと。

「一括公差指示」はJEITA 三次元CAD情報標準化専門委員会が、幾何公差図面を理解しやすく、さらに作成・活用する上で効率的な運用ができる方法として開発した規格といえる。JEITA普通幾何公差を定義する場合は、公差等級GGTG1〜GGTG4までの4段階の内、どれを採用したかを表題欄の中か近くに記載しなければならない。

チェックポイント

- ☑ 幾何公差の基本を理解
- ☑ 内部部品を取りつける部品の幾何公差指示と公差を理解
- ☑ 外装部品同士の組み付けの幾何公差指示と公差を理解
- ☑ 一括公差指示を含む幾何公差を理解

(1) 組み立て状態

全ての構成部品を組み立てた状態を**図6.2.13**に示す。この組み立て状態により部品相互の配置、隙間、干渉の確認を行う。

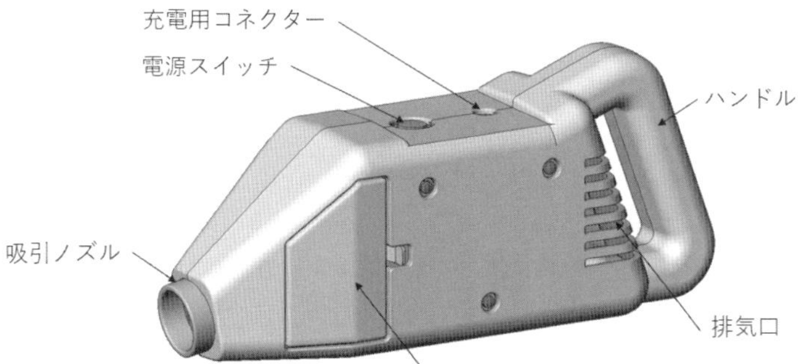

▲**図6.2.13**　組み立て状態（設計コンテスト2017より引用）

(2) 内部部品&フィルタ組付け状態

内部部品2とフィルタの取り付け状態を**図6.2.14**に示す。内部部品の配置、部品間隙間、干渉の確認を行う。

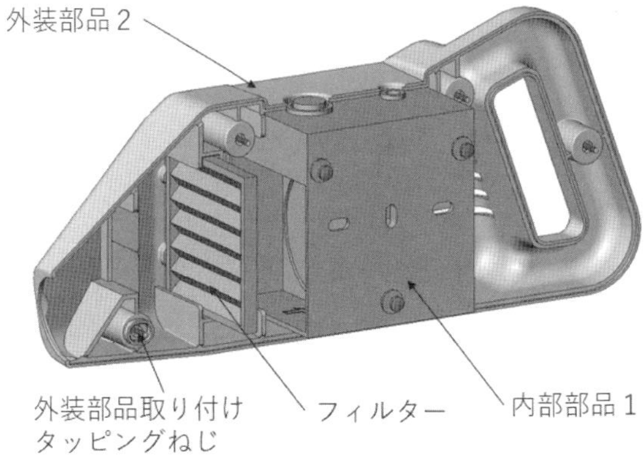

▲**図6.2.14**　内部部品&フィルタ組付け状態（設計コンテスト2017より引用）

(3) 外装部品1の図面

今回の設計（設計コンテスト2017）は、JEITA普通幾何公差の公差等級GGTG2、かど・隅のJEITA普通幾何公差の公差等級Grade F（精級）を適用した。

外装部品1の図面を**図6.2.15**から**図6.2.19**に示す。

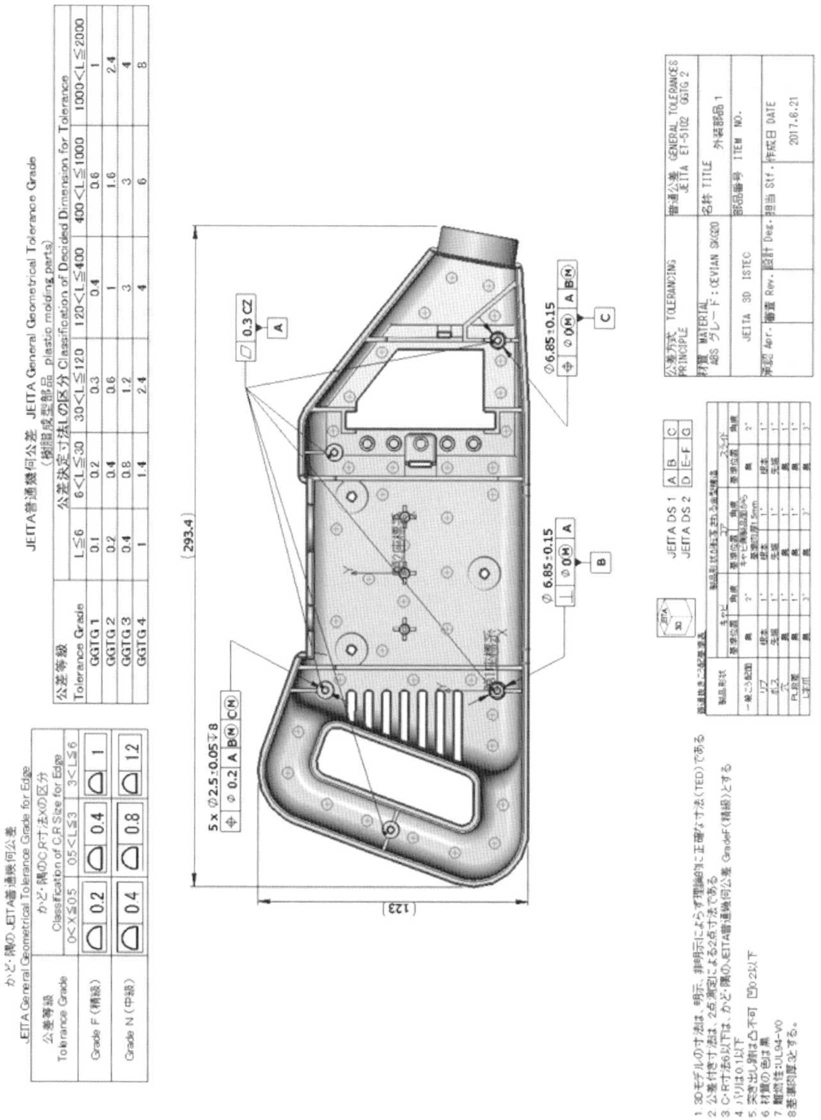

▲**図6.2.15** 外装部品1（設計コンテスト2017より引用）

〔図面作成のポイント〕

- 外装部品1の全体形状が一番わかりやすい図面（**図6.2.15**参照）に表題欄（部品名称・設計者などを記載）、JEITA普通幾何公差、かど・隅のJEITA普通幾何公差、データム優先順位、注記を記載する。
- 幾何公差は重ならないよう見やすい位置に配置する。
- 3平面データ系と座標系を設定する。
- 外装部品1と2の位置決めを幾何公差で指示する。
- 内部部品1のデータムより、内部部品1を取り付ける基準を外装部品1に幾何公差で指示する（**図6.2.16**参照）。
- JEITA普通幾何公差、かど・隅のJEITA普通幾何公差以外の幾何公差指示を必要とする形体には、幾何公差で指示する。

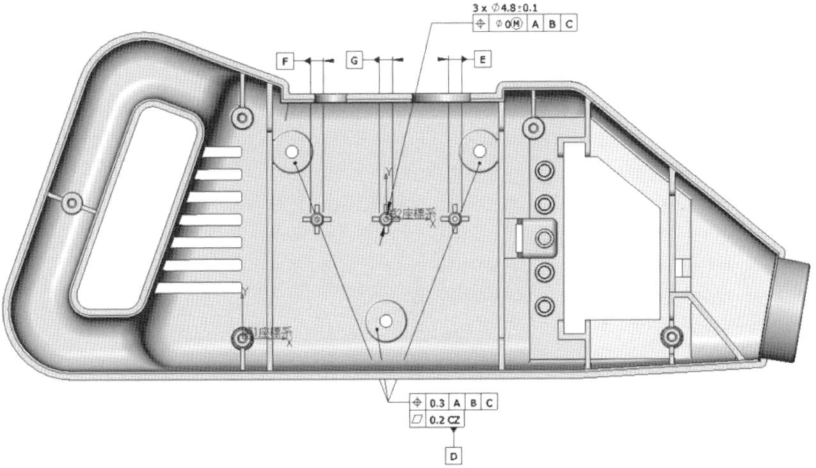

▲**図6.2.16**　内部部品1・取り付け指示図面（設計コンテスト2017より引用）

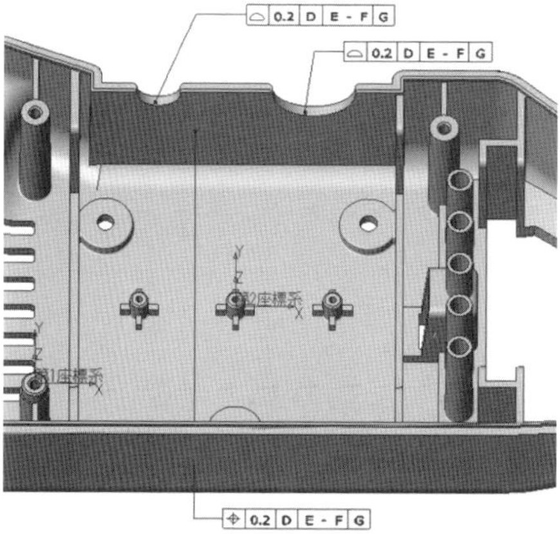

▲**図6.2.17**　電源スイッチ、充電用コネクタ位置との関係図（設計コンテスト2017より引用）

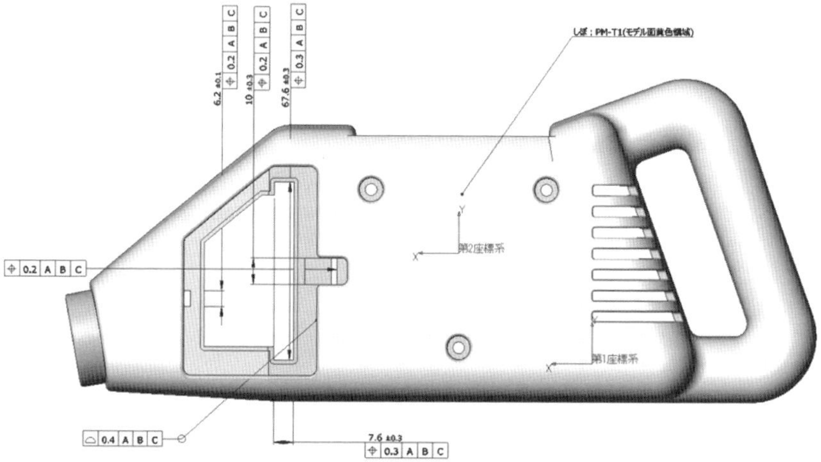

▲**図6.2.18**　ゴミ排出扉との関係図（設計コンテスト2017より引用）

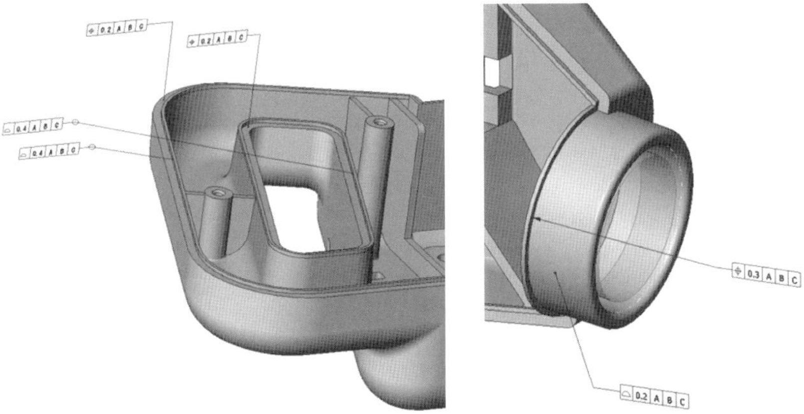

▲**図6.2.19**　ハンドルと吸引ノズルとの関係図（設計コンテスト2017より引用）

(4) 外装部品2の図面

今回の設計は、JEITA普通幾何公差の公差等級GGTG2、かど・隅のJEITA普通幾何公差の公差等級Grade F（精級）を適用した。

外装部品2の図面を**図6.2.20**から**図6.2.23**に示す。

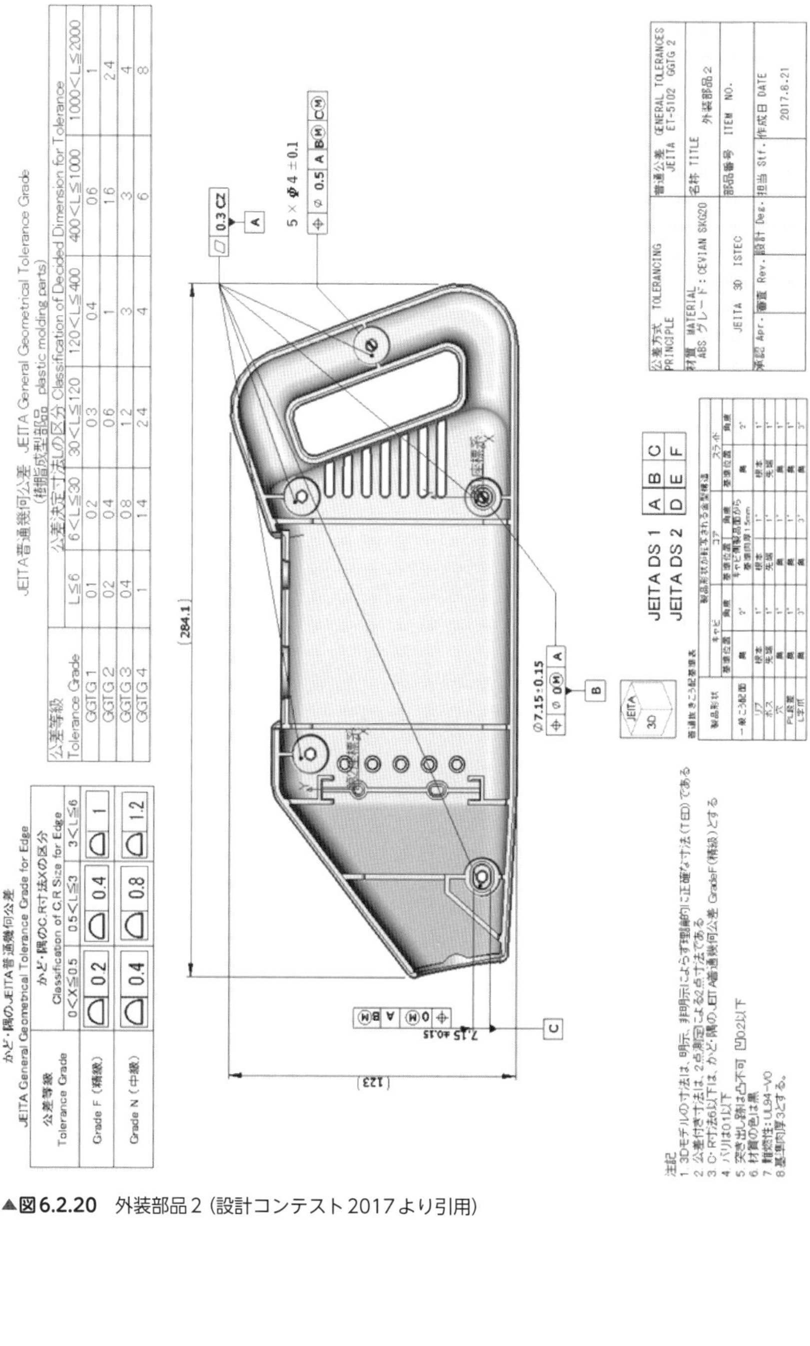

▲図6.2.20　外装部品2（設計コンテスト2017より引用）

〔図面作成のポイント〕

- 外装部品2の全体形状が一番わかりやすい図面（**図6.2.20**参照）に表題欄（部品名称・設計者などを記載）、JEITA普通幾何公差、かど・隅のJEITA普通幾何公差、データム優先順位、注記を記載する。
- 幾何公差は重ならないよう見やすい位置に配置する。
- 3平面データ系と座標系を設定する。
- 外装部品1と2の位置決めを幾何公差で指示する。
- フィルタのデータムより、フィルタを取り付ける基準を外装部品2に幾何公差で指示する（**図6.2.21**参照）。
- JEITA普通幾何公差、かど・隅のJEITA普通幾何公差以外の幾何公差指示を必要とする形体には、幾何公差で指示する。

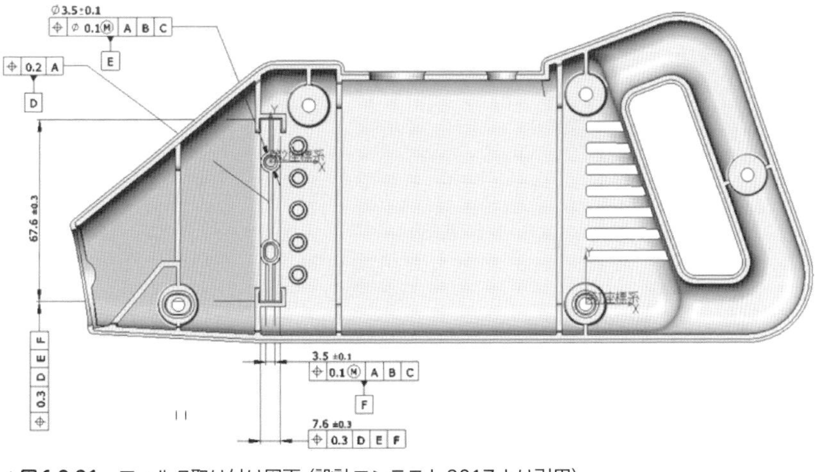

▲**図6.2.21**　フィルタ取り付け図面（設計コンテスト2017より引用）

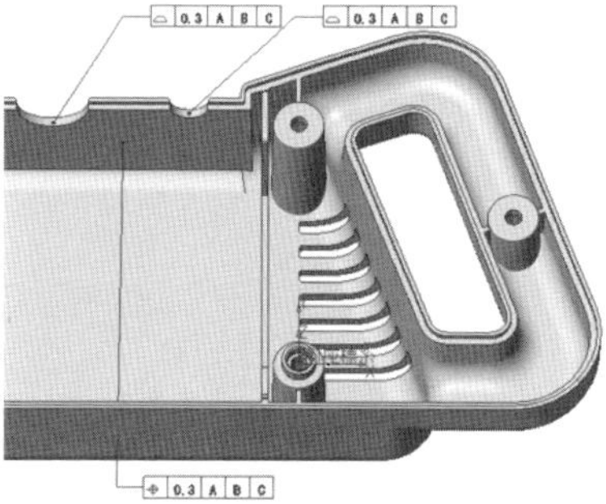

▲**図6.2.22**　電源スイッチ、充電用コネクタ位置との関係図（設計コンテスト2017より引用）

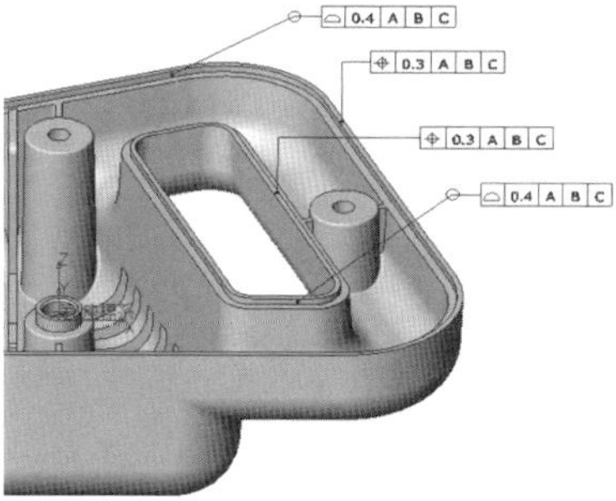

▲**図6.2.23**　ハンドル部（設計コンテスト2017より引用）

■6-2-5　設計コンテスト2017参加チーム設計事例

この章では、過去6年間実施した設計コンテストの1事例を紹介したが、同じテーマ（ハンディークリーナー）に参加した13チームのモデルも紹介する（**図6.2.24**参照）。

提示された設計課題（同じ設計仕様）から、各チーム独自の追加仕様とそれを実現するユニークな設計を行っていることがわかる。

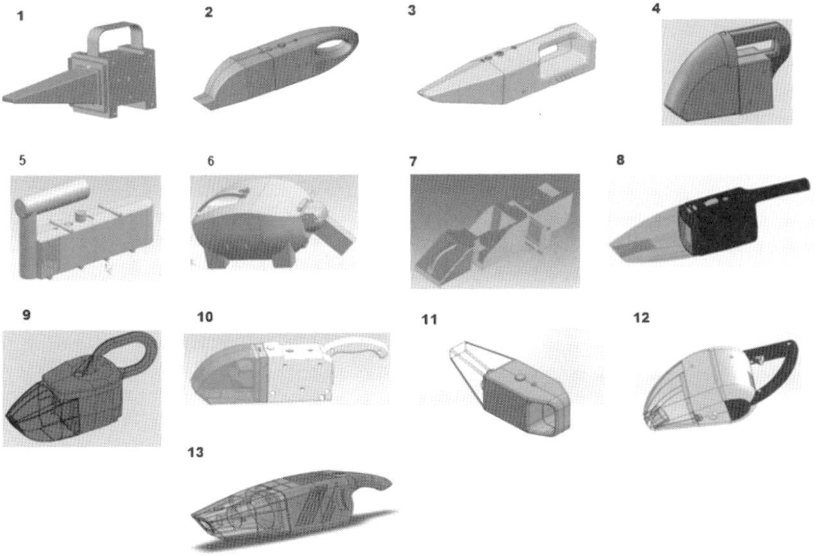

▲**図6.2.24**　設計コンテスト2017設計事例（設計コンテスト2017より引用）

6-3 今後のモールド部品設計

設計コンテストの事例で示されているように、3Dモデルによる幾何公差指示は設計意図を一義的に指示する方法として最も有効な手段と言える。モールド部品には、金型成形部品ということもあり、かど・隅にRを付けるため、面と面のつなぎ目の形状を製品設計の段階で詳細に指示することができない場合が多い。そこで効果を上げているのが、参考資料で解説している「JEITA普通幾何公差」と「かど・隅の形状公差」である。この2つの公差が設計値を満足する場合は、特に幾何公差指示を行わなくても「JEITA普通幾何公差」と「かど・隅の形状公差」が適用されることになる。現時点ではまだJEITAという業界団体のみに適用されている規格ではあるが、設計者にとっては設計作業を効率化していく上で、有効な手段と考えている。

■ 6-3-1 「JEITA普通幾何公差」適用図面の特徴

「JEITA普通幾何公差」を適用しない場合の2D図面を**図6.3.1**に、適用した場合の3D図面を**図6.3.2**に示す。3D図面は各形体が位置情報を持っているため、特に指示しなければならない幾何公差のみ記載している。とても理解しやすい図面と言える。

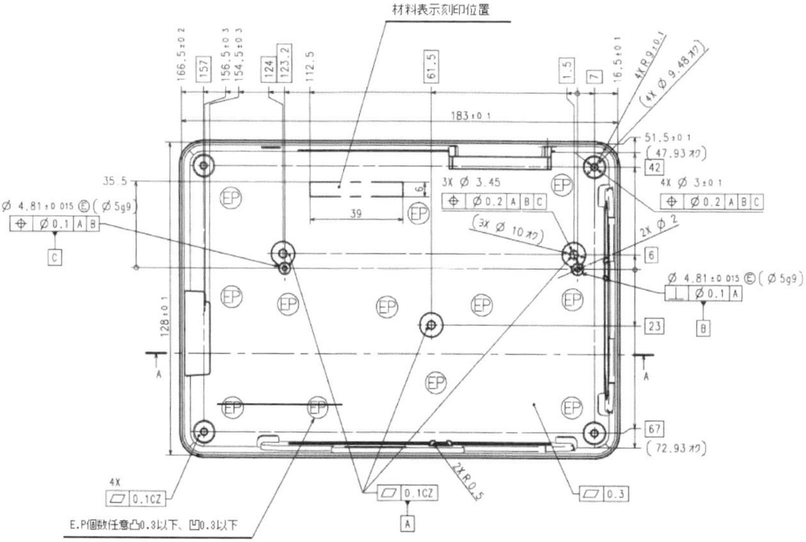

▲**図6.3.1** 2D図面例（設計コンテスト2014より引用）

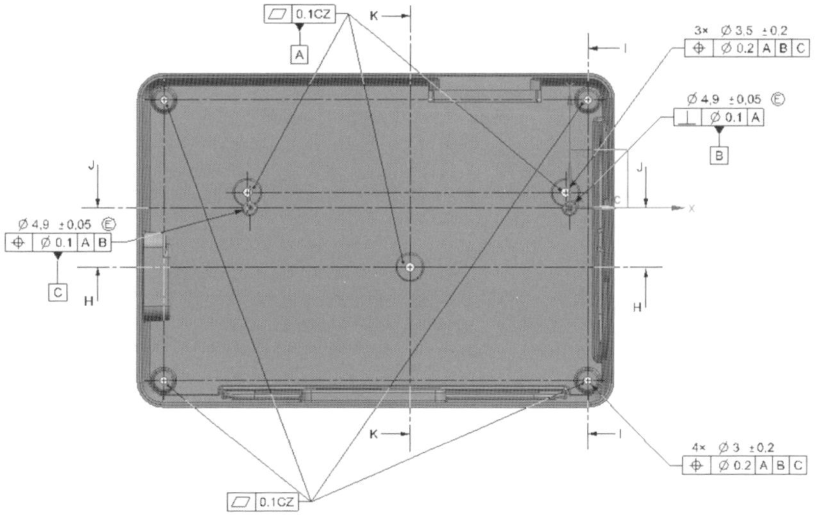

▲**図6.3.2**　「JEITA普通幾何公差」3D図面例（設計コンテスト2014より引用）

6-3-2　「JEITA普通幾何公差」適用図面の設計効果

図面に記載しなければならない幾何公差、寸法、注釈、陰線処理の数とそれを記載するための時間を、設計コンテスト2014で検証したので以下に紹介する。

今回の検証で明らかになったことは、設計者が作成する図面において、3D図面に「JEITA普通幾何公差」を適用することで、2D図面に比べて表記数と表記するための工数がともに1/5になっている。この結果は設計者にとってとても有効な効果と言える（**表6.3.1**参照）。

▼**表6.3.1**　表記数と表記するための工数比較　H：時間

項目	種別	2D図面[*1]		3DA	
		表記数	工数H(参考)	表記数	工数H(参考)
幾何公差	幾何公差／データムシステム	21	0.5	23	0.6
寸法	重要寸法（個別公差指示）	64	2.13	18	0.6
	形状を再現する寸法	121	3.03	0	0
注釈	形状を補足する指示	49	3.27	5	0.3
	要求仕様（荷重／トルク等）	0	0	5	0.3
隠線処理		255	3.0	51	0.5
合計		510	11.93H	102	2.3H

6-3-3　測定における「JEITA普通幾何公差」適用図面の効果

「JEITA普通幾何公差」を適用した3D図面は、個々に幾何公差指示を行っていない箇所も幾何公差指示ができている。全ての形体に幾何公差が定義できているため、測定部門としてはシステム的に測定を自動処理することが可能である。JEITA三次元CAD情報標準化専門委員会では、2013年の実証プロジェクト／共同活動で、従来の2D図面による測定と、「JEITA普通幾何公差」を適用した3D図面による工数の比較検証実験を実施した。測定機は接触測定機と、金型・成形品のフロント・ローディングに期待されている非接触測定を採用した。その時の結果が**図6.3.3**である。

2D図面に比べ「JEITA普通幾何公差」を適用した3D図面の方が、測定工数において、接触測定では27%、非接触想定では48%削減できたという測定者にとってとても有効な結果が得られた。

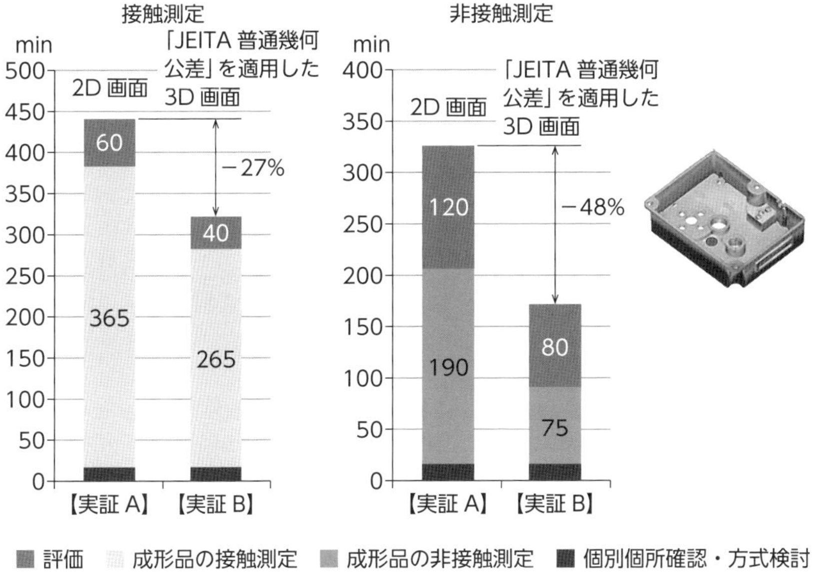

▲図 6.3.3　2D 図面と「JEITA 普通幾何公差」を適用した 3D 図面の測定工数比較

6-3-4　今後のモールド部品の設計

検証実験としては、まだ一部品の設計と測定という領域ではあるが、明らかに工数削減できることが実証された。今後、モールド部品の設計には、「JEITA 普通幾何公差」と「かど・隅の形状公差」を適用することで効果を上げることを期待する。そのためにも、「JEITA 普通幾何公差」が業界規格に留まらず、JIS、ISO 規格となることを期待するものである。

参考

一括公差指示方式

二次元図面が紙の図面から3D CADのデジタルデータ（3D図面）に変わることにより、図面に描かれた形状に寸法を記載しなくても長さ寸法を読み取れるようになった。このことにより、図面を見やすく、さらに作成・活用する上で効率的な方法として、普通寸法公差で指示できる箇所については、図面上の寸法および寸法公差を省略する二次元図面の運用が採用されるようになった。

設計コンテストで採用した「一括公差指示方式」は、JEITA 三次元CAD情報標準化専門委員会が、二次元図面で運用していた普通公差の省略を、幾何公差図面に適用した規格といえる。

ここで、一括公差指示方式を採用する上でのルールを以下に紹介する。

「JEITA普通公差」は、「JEITA普通幾何公差」、「JEITA普通サイズ公差」および「かど・隅の形状公差」を総称するとしている。ここでは「JEITA普通幾何公差」と「かど・隅の形状公差」について解説する。

1. JEITA普通幾何公差

(1) 図面にJEITA普通幾何公差を摘要する場合は、図面の表題欄（**参考図1**参照）に規格名と等級、または規格名と公差値などを表示する（適用規格：JEITA ET-5102:2020、データムの優先順位：DS1：|A|B|C|、公差等級：GGTG2等）。

<table>
<tr><td colspan="3">JEITA 3D ISTEC</td><td>文書形式 DOCUMENT TYPE
ANNOTATED DESIGN MODEL</td><td>頁 SHEET
1/1</td></tr>
<tr><td colspan="3">部品番号 ITEM NO.
ISTEC 0001</td><td colspan="2">名称 TITLE
サンプル1 SAMPLE 1</td></tr>
<tr><td colspan="3">普通公差 GENERAL TOLERANCES
JEITA ET-5102:2020</td><td colspan="2">材質 MATERIAL
********</td></tr>
<tr><td colspan="3">JEITA普通幾何公差
DS1:|A|B|C|(GGTG 2)</td><td colspan="2">JEITA普通サイズ公差，かど・隅の普通幾何公差
GSTGE 1, E:F</td></tr>
<tr><td>承認 Apr.</td><td>審査 Rev.</td><td>設計 Deg.</td><td>担当 Stf.</td><td>作成日 DATE</td></tr>
</table>

▲**参考図1**　表題欄（JEITA ET5102:2020より引用）

(2) 図面には、**参考表1**に示すJEITA普通幾何公差等級表を貼付する。

▼**参考表1**　JEITA普通幾何公差（JEITA ET5102:2020より引用）

JEITA 普通幾何公差 JEITA General Geometrical Tolerance Grade
（樹脂成形部品 Plastic molding parts）

公差等級 Tolerance Grade	公差決定寸法Lの区分 Classification of decided dimension for tolerance						
	L≦6	6<L≦30	30<L≦120	120<L≦400	400<L≦1000	1000<L≦2000	2000<L≦4000
GGTG 1	0.1	0.2	0.3	0.4	0.6	1	1.5
GGTG 2	0.2	0.4	0.6	1	1.6	2.4	3.6
GGTG 3	0.4	0.8	1.2	2	3	4	6
GGTG 4	1	1.4	2.4	4	6	8	12

注記　「GGTG」は、“General Geometrical Tolerance Grade”を表す。

(3) 一括公差指示よりも個別に幾何公差を指示する方が優先される。

(4) 個別に公差指示がない形体は一括公差指示を適用する。

(5) 形体の各公差等級の公差区分は、三平面データム系よりなる座標系の原点から公差決定寸法（L）でできる最小直方体内に、完全に含まれる際の公差値を適用する（最も遠い形体の座標が適用される）。

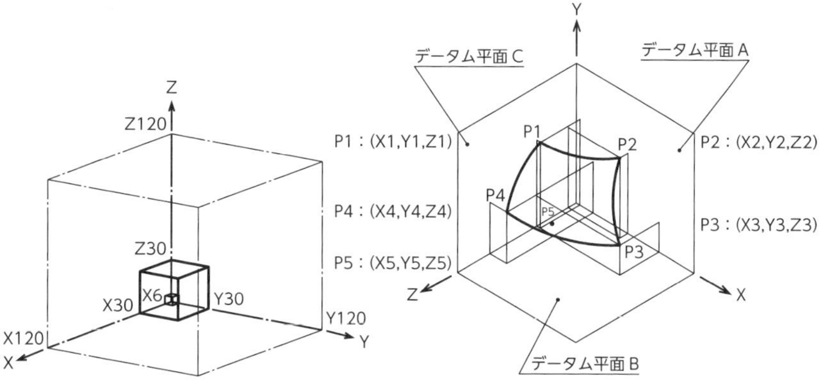

▲**参考図2**　形体と公差区分の関係図（JEITA ET5102:2020より引用）

（例）

- 曲面形体の公差区分は、三平面データム系における曲面形体の座標位置P1、P2、P3、P4、P5の内、座標軸原点から最も遠い座標が適用される（**参考図2**参照）。

(6) 円、球の位置の公差区分は、三平面データム系よりなる座標軸原点から円、球の中心位置の最も遠い座標が適用される。

(7) 円、球の大きさの公差区分は、円、球の直径が適用される。

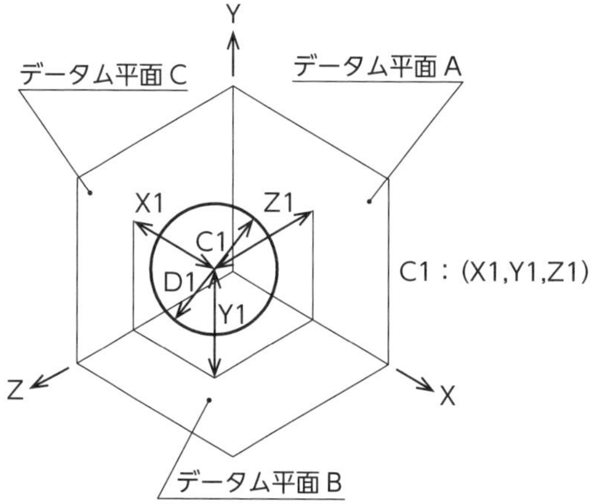

▲**参考図3**　円、球の位置と公差区分の関係図（JEITA ET5102:2020より引用）

（例）

- 位置の公差区分はX1、Y1、Z1で一番大きい値が適用される。
- 円、球の大きさの公差区分は、直径D1が適用される（**参考図3**参照）。

(8) JEITA普通幾何公差を適用した図面例

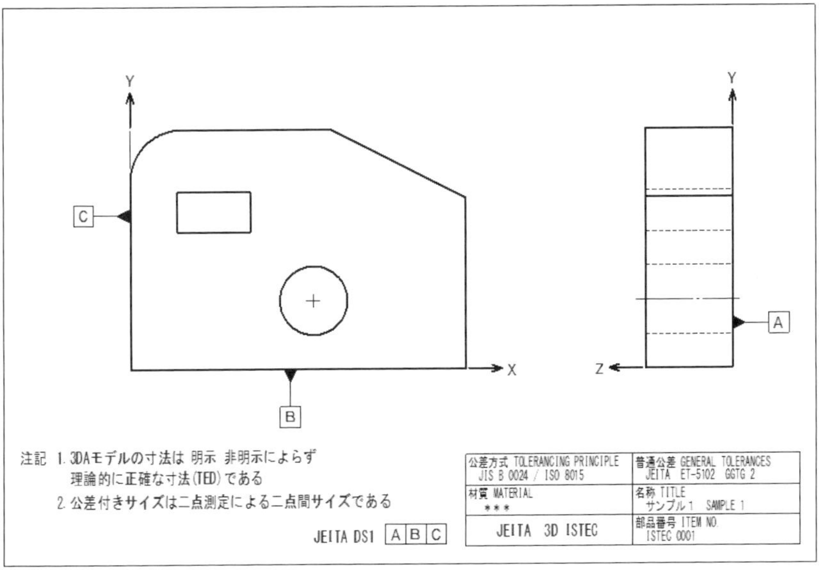

▲**参考図4**　JEITA普通幾何公差における公差等級GTG2を適用した図面
（JEITA ET5102：2020より引用）

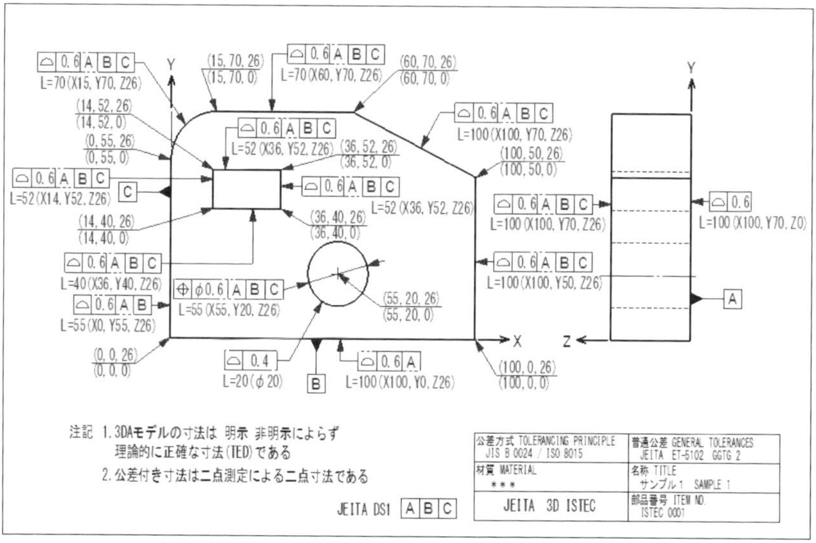

▲**参考図5**　参考図４で定義している公差を示した例（JEITA ET5102：2020より引用）

設計者が作成する図面は**参考図4**に記載されている内容を定義するだけでよい。**参考図4**の指示で、**参考図5**のデータムA、B、C以外に個別に指示した幾何公差が定義できたことになっている。実際の図面には参考図5は記載しない。

2. かど・隅のJEITA普通幾何公差

対象部品のかど・隅のCまたはR形状に関しては、“JEITA普通幾何公差”を適用するが、“JEITA普通幾何公差”を適用せずにかど・隅の形状公差を等級で指示をする方法については以下に示す。

(1) かど・隅に面取やRを用いずにモデルを作成した場合の指示方法

かど・隅に面取やRを用いずにモデルを作成した場合、注記にて形状省略されている仕様として指示なき、かど・隅は「公差決定寸法Eの区分」でGrade F（精級）を適用する。

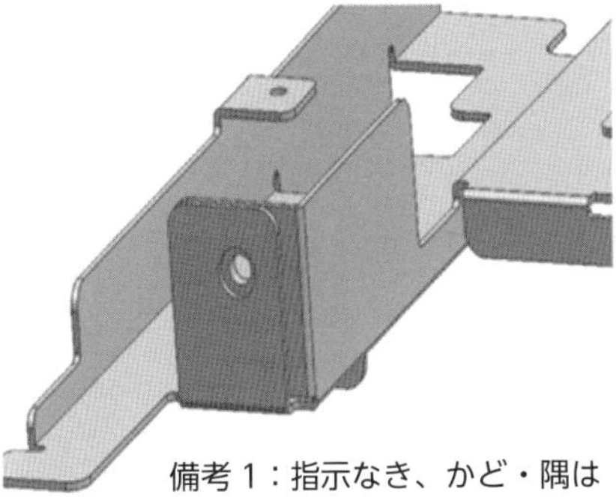

▲**参考図6**　かど・隅への指示例（JEITA ET5102:2020より引用）

⑵ かど・隅の形状をモデリングした場合の指示方法

かど・隅の形状をモデルで作成した場合、形状公差の面の輪郭度で一括指示されているものとする。

6mm以下のかど・隅のモデル寸法Eを0＜E≦0.5、0.5＜E≦3、3＜E≦6の3区分とし、“面の輪郭度”の公差等級を、注記にてGrade F（精級）またはGrade N（中級）の一つを選んで指示する。

▼**参考表3**　かど・隅のJEITA普通幾何公差の表（JEITA ET5102:2020より引用）

JEITA かど・隅の普通形状公差
JEITA General Geometrical Tolerance Grade for Edge surface profile

公差等級 Tolerance Grade	公差決定寸法 E の区分 Classification of decided dimension for tolerance		
	E≦0.5	0.5<E≦3	3<E≦6
Grade F（精級）	0.2	0.4	1
Grade N（中級）	0.4	0.8	1.2

注記　「GGTGE」は、“General Geometrical Tolerance Grade for Edge surface profile”を表す。

なお、表題欄へのかど・隅のJEITA普通幾何公差指示例は**参考図1**による。

あとがき

モールド・プレス部品など、部品設計の本は多く発行されているが、製品設計に関する技術資料は少ないように思う。製品設計は企業に入社後、部品・ユニットの設計を行いながら、職場の先輩からOJTされることが多い。OJTの内容が、企業の製品開発手法を含むということもあり、なかなか公表されていない技術情報といえる。本書は、筆者が長年製品設計を行って得た設計技術を資料としてまとめたものである。特に、技術分野の異なる設計者が、どのように製品を仕上げていくか設計経験の少ない技術者や入社前の諸君に理解してもらうことで、産業界のものづくりに貢献できることを期待している。

日本の産業界は、3D CADを本格的に導入して20年以上になる。設計部門はもとより、生産部門でもデジタルデータを活用したものづくりが実施されるようになってきている。これからは、今まで積み重ねてきたものづくりの技術・ノウハウを、いかにこれからのものづくりに生かせるかが正念場といえる。そのためには、3Dデータを活用したデジタルエンジニアリング環境を活用／駆使し、デジタル基盤の強化を実現することが極めて重要である。

本書を読んでいただくことで、製品設計をより深く理解して頂けると幸いである。また、製品設計に興味を持ち、製品設計に取り組んでみたいという若者が一人でも多くあらわれることを切望する。

謝辞

本書を発行するにあたり、公益社団法人 日本設計工学会（JSDE）主催 一般社団法人 電子情報技術産業協会（JEITA）三次元CAD情報標準化専門委員会技術支援「設計コンテスト」の研修指導をされた方々からは、多くの参考資料の協力を頂き、第6章の設計事例に反映させて頂いた。

関東学院大学の金田徹先生には、本書発行を勧めて頂いたと共に、本書を書くための多くのご指導と、さまざまなご支援を頂いた。この場を借りて感謝申し上げたい。

また、原稿チェックをお願いした、明治大学の舘野寿丈先生、コニカミノルタ（株）の大西隆志さん、後地孝彦さん、（株）日立製作所の武田秀和さん、富士ゼロックス（株）に勤められていた高橋保人さんにも感謝申し上げる。

公益社団法人 日本設計工学会（JSDE）の事業部会の皆様と、一般社団法人 電子情報技術産業協会（JEITA）三次元CAD情報標準化専門委員会の皆様にはいろいろな場面でご協力頂いたことに改めてお礼申し上げる。

参考資料

〔規格〕

- ISO16792：2015 Technical product documentation-Digital product definition data practices
- ISO14660：Geometrical Product specifications（GPS）-Geometrical features
- JIS B 0021:2018 製品の幾何特性仕様（GPS）－幾何公差表示方式－形状、姿勢、位置及び振れの公差表示方式
- JIS B 0060-1：2015 デジタル製品技術文書情報 - 第1部：総則
- JIS B 0060-2：2015 デジタル製品技術文書情報 - 第2部：用語
- JIS B 0060-3：2017 デジタル製品技術文書情報 - 第3部：3DAモデルにおける設計モデルの表し方
- JIS B 0060-4：2017 デジタル製品技術文書情報 - 第4部：3DAモデルにおける表示要求事項の指示方法－寸法及び公差
- JIS B 0060-5：2020 デジタル製品技術文書情報 - 第5部：3DAモデルにおける幾何公差の指示方法

〔文献・資料〕

- JEITA ET5102:2020 3DAモデル規格：データム系、JEITA普通幾何公差
- 電子情報技術産業協会（JEITA）三次元CAD情報標準化専門委員会：3DAモデルガイドライン - 3DAモデル作成及び運用に関するガイドライン - Ver.3.0
- 電子情報技術産業協会（JEITA）三次元CAD情報標準化専門委員会：3DAモデル金型工程連携ガイドライン：プラスチック部品編Ver1.2
- 設計コンテスト研修資料：公益社団法人 日本設計工学会主催 一般社団法人 電子情報技術産業協会（JEITA）三次元CAD情報標準化専門委員会技術支援「設計コンテスト」2017年度版研修資料
- 設計コンテスト事例：公益社団法人 日本設計工学会主催 一般社団法人 電子情報技術産業協会（JEITA）三次元CAD情報標準化専門委員会技術支援

「設計コンテスト」2017年度版事例

- Society 5.0：内閣府ホームページ／内閣府の政策／科学技術政策／Society 5.0で実現する社会より
- 髙橋俊昭：JEITA 設計コンテスト2014－JEITA 3DAモデルガイドランは設計にたつのか、日本設計工学会誌（2015年）
- 金田徹：DTPD（3D製図）規格（その現状と今後）、精密工学会誌、Vol.83、No.8（2017年）
- 髙橋俊昭：産学連携による設計コンテスト、精密工学会誌、Vol.83、No.8（2017年）
- 髙橋俊昭：3D図面と非接触測定の現状（3Dデータを活用した非接触自動測定への取り組み）、日本設計工学会誌（2018年）
- 髙橋俊昭：設計コンテスト2017（産学協同プロジェクトの意義）、日本設計工学会誌（2019年）

索引

サ行

タ行

ナ行

ハ行

マ行

ヤ行

ラ・ワ行

■著者略歴

高橋　俊昭（たかはし　としあき）

1950年　岡山県生まれ
1974年　近畿大学理工学部機械工学科卒。同キヤノン株式会社入社。
1986年　光学機器事業部 半導体機器設計部主任研究員。
1993年　事務機標準第一課課長、技術標準推進部部長。
2008年　情報通信システム本部 メカ技術システム開発部部長。
2016年　3D+1 ラボ設立 代表。
〔その他〕
2008年　一般社団法人 電子情報技術産業協会（JEITA）三次元 CAD 情報標準化専門委員会を関係者と設立 幹事長。
2015年　公益社団法人 日本設計工学会（JSDE）事業部会委員。
3D DTPD の基本図示および基本事項に関する JIS 委員会委員。
データ流通基盤革新のための国際標準化委員会委員。
2018年　公益社団法人 日本設計工学会（JSDE）研究調査部会委員。
ISO/TC184/SC4 国内対策委員会委員。
一般社団法人 研究産業・産業技術振興協会特任研究員。
2019年　一般財団法人 総合研究奨励会主任研究員。

カバーデザイン●嶋健夫（トップスタジオデザイン室）
本文デザイン●阿保裕美（トップスタジオデザイン室）
組版●株式会社トップスタジオ

即戦力《そくせんりょく》になる人材《じんざい》を育《そだ》てる！
製品設計《せいひんせっけい》の基《き》礎《そ》入門《にゅうもん》

2021 年　2 月 24 日　初　版　第 1 刷発行

著　者　高橋　俊昭
発行者　片岡　巌
発行所　株式会社技術評論社
東京都新宿区市谷左内町 21-13
電話　03-3513-6150　販売促進部
03-3267-2270　書籍編集部
印刷／製本　港北出版印刷株式会社

定価はカバーに表示してあります。

ISBN978-4-297-11914-0 C3053
Printed in Japan

■お願い

本書に関するご質問については、本書に記載されている内容に関するもののみとさせていただきます。本書の内容と関係のないご質問につきましては、一切お答えできませんので、あらかじめご了承ください。また、電話でのご質問は受け付けておりませんので、FAX か書面にて下記までお送りください。

なお、ご質問の際には、書名と該当ページ、返信先を明記してくださいますよう、お願いいたします。

宛先：〒 162-0846
東京都新宿区市谷左内町 21-13
株式会社技術評論社
書籍編集部
「製品設計の基礎入門」係
FAX：03-3267-2271

ご質問の際に記載いただいた個人情報は、質問の返答以外の目的には使用いたしません。また、質問の返答後は速やかに削除させていただきます。